潮涌三十年

纪念浙江省服装行业协会成立30周年

1994 — 2024

LOOKING BACK ON 30 YEARS INDUSTRIAL DEVELOPMENT

CELEBRATING THE 30TH ANNIVERSARY OF THE ESTABLISHMENT OF ZHEJIANG GARMENT INDUSTRY ASSOCIATION

浙江省服装行业协会 著

中国纺织出版社有限公司

内 容 提 要

2024年，逢浙江省服装行业协会成立三十年。三十而立，值此契机，浙江省服装行业协会主导著书《潮涌三十年——纪念浙江省服装行业协会成立30周年》。全书以时间为轴，于抽丝剥茧中全面梳理浙江服装行业各个历史阶段发展轨迹和变革，讲述1994—2024年，浙江服装行业奔涌向前、波澜壮阔的三十年发展史。传承启新，过去三十年，浙江服装的发展繁荣是整个中国服装行业的进步缩影，展望未来，浙江服装行业将依旧是中国服装行业最坚实的进步力量。

图书在版编目（CIP）数据

潮涌三十年 ：纪念浙江省服装行业协会成立30周年 / 浙江省服装行业协会著. -- 北京 ：中国纺织出版社有限公司，2024. 11. -- ISBN 978-7-5229-2197-6

Ⅰ. TS941-26

中国国家版本馆CIP数据核字第2024ZV8196号

责任编辑：刘晓青　　责任校对：高　涵　　责任印制：王艳丽

中国纺织出版社有限公司出版发行

地址：北京市朝阳区百子湾东里 A407 号楼　邮政编码：100124

销售电话：010—67004422　传真：010—87155801

http://www.c-textilep.com

中国纺织出版社天猫旗舰店

官方微博 http://weibo.com/2119887771

北京博海升彩色印刷有限公司印刷　各地新华书店经销

2024 年 11 月第 1 版第 1 次印刷

开本：710 × 1000　1/16　印张：19.25

字数：225 千字　定价：398.00 元

凡购本书，如有缺页、倒页、脱页，由本社图书营销中心调换

编委会

序一 ▶ PREFACE

新质天地阔，锦绣浙江潮

衣藏锦绣，服纳民生。服装关系人民福祉、彰显文化自信、映照时代跃迁，是承载幸福的支柱产业。浙江自古是丝绸之府，服装成就着地方的繁荣、人民的富足。特别是改革开放以来，浙江纺织服装行业因地制宜、守正创新，在量的增长与质的飞跃中构筑起万亿体量的世界级纺织服装产业带。坚实的产业基础、完备的产业体系、良好的营商环境，浙江服装在中国式现代化进程中，勇立潮头、走在前列。

登高处，价值产业构筑价值高度。浙江不断向价值链高端延伸，提升设计能力、完善时尚生态，大师、大牌、大事硕果累累，制造品牌、消费品牌、区域品牌相得益彰。浙江在市场化、全球化、集约化、高端化的进程中，涌现出雅戈尔、杉杉、森马、太平鸟、雅莹、安正等一批著名服装品牌，孕育出比音勒芬、赢家等一批具有浙江基因的知名服装品牌，成为中国时尚品牌的重要策源地，中国纺织服装产业的中坚力量。

落实处，民生产业增进民生福祉。从乡镇企业的兴起到"块状经济"的形成，从特色小镇的发轫到"城市群经济"的构建，大中小企业融通，上下游产业关联，浙江纺织服装产业在区域经济的提质扩容中转型升级，有力推进了共同富裕的进程。目前，产业已有千亿以上集群3个、百亿以上集群20余个，生产、生活、生态一体发展，城乡工农协调共进，纺织服装产业形成成功探索。

向宽处，全球产业服务全球发展。立足新发展格局，高水平发展"地瓜经济"，整合全球资源，融入全球市场。申洲、报喜鸟、夏梦、江南布衣、伊芙丽等优秀企业，从这里走向全国、拥抱世界，越来越多的中小企业开始加快"出海"。在产业"走出去"的过程中，浙商在全球落地生根、延伸藤蔓，形成重要商业力量。连接中国与世界，纺织服装业界的浙商是价值支点也是关键节点。

谋远处，创新产业实现创新引领。浙江服装产业坚持与时俱进，前瞻布局，紧跟全球科技浪潮与市场前沿，推动传统产业、新兴产业、未来产业融合发展。材料创新、设计创新、制造创新、工艺创新、产品创新、模式创新层出不穷，产业链协同创新生态持续完善。在高端化、智能化、绿色化、融合化转型中，浙江服装逐步构筑全球领先优势。

众擎易举，众志成城，产业的发展离不开高效的组织。1994 年，在中国特色社会主义市场经济体制建立完善的“大潮”中，浙江省服装行业协会应运而生。自成立以来，协会始终秉承“小协会　大服务”的宗旨，连点成线，结线为网，专注铸专长，集聚成集约，创新谋创造，恒心立恒业。协会在冯德虎会长等历任领导的带领下，立足大局、实事求是，以卓有成效的工作为产业明心定向、助力赋能；为企业牵线搭桥、排忧解难。三十年深耕细作，春华秋实，协会贡献卓著，成就不凡。

《潮涌三十年——纪念浙江省服装行业协会成立 30 周年》一书是为了纪念浙江省服装行业协会成立三十周年而著。全书以时间为轴，于抽丝剥茧中全面梳理浙江服装产业在各个历史阶段的发展轨迹和变革。总结回顾了 1994—2024 年，浙江服装产业在市场经济和全球化进程中，如何随风而起、遇石则弯、集涓成流、轰然成势，如何在转型中跨越、创新中突破，实现科技、时尚、绿色发展的历程。在过去、当下与未来的逻辑中，全书探索性地给出了新时期浙江服装产业建设现代化产业体系的方向与路径。本书内容系统详实，深入描绘了三十年来浙江服装人在推进锦绣事业中的丰富探索，深刻体现出浙江服装行业勇于突破、勇于创新、勇于担当的奋斗精神。本书是对改革开放中浙江服装行业实践的真实记录，也是对中国式现代化进程中浙江服装行业创新发展的深刻思考。

潮涌，是历史的大势，时代的洪流，奔腾激越，一往无前。在中华民族伟大复兴的宏阔背景下，以新质生产力赋能现代化产业体系建设，推进传统产业高端化升级、前沿技术产业化落地，是纺织服装行业高质量发展的战略选择、重要课题。作为中国纺织的第一梯队，浙江服装产业的实践与思考对于全行业具有重要的参考价值。开卷有益，希望大家能从本书中得到启发、汲取智慧、赢得未来。

中国纺织工业联合会会长　孙瑞哲

2024 年 9 月

序二 ▶ PREFACE

在创新引领中奋勇前进

浙江历史悠久，文化灿烂，是中华文明的重要发祥地，自古以来就是我国的服装制造中心、文化中心和贸易中心，素有“衣披天下”的盛誉。作为享誉全球的丝绸之府，浙江不仅是我国丝制品的重要生产基地，同时依托海上丝绸之路把东方时尚文化传播至海外，为世界服装文化的融合、互鉴和发展作出了重要贡献。

时光荏苒，岁月可期。改革开放的春风再次燃起了这片沃土上时尚赶潮者奋勇向前的豪情和激情。浙江服装行业发挥敢为天下先的精神和意志，不畏艰难、敢于拼搏，建立起门类齐全、质量优良、管理先进的现代产业体系，成长了一大批在国内外都享有较高知名度的服装企业和品牌，成为我国服装产业版图中重要的创新力量，为行业发展与壮大做出了不可替代的努力和贡献。

进入新时代，浙江服装产业抢抓变革机遇，系统推进数字化转型，加快智能生产线、智慧市场建设，推动商业模式、管理方式及产业形态革新，同时注重融合现代生活方式，不断提升文化创意水平，努力建设具有联动协同创新效应的时尚新生态，打造中国时尚话语新高地。浙江探索构建的以创新为核心的浙江时尚模式，为全国乃至全球服装产业发展提供了新思路和新借鉴。

在这风云激荡的历程中，成立于 20 世纪 90 年代初的浙江省服装行业协会，在国家经济转轨、产业经济变轨的过程中，始终秉承推动产业走向强大的宗旨，以为行业企业提供更全面、更优质的服务为己任，不断完善优化服务机制，持续提高服务水平，为行业营造了良好的发展氛围，为浙江服装行业创新发展起到了重要推动作用。

在这三十年里，浙江省服装行业协会立足市场前沿，以务实创新的姿态推动着产业发展，在深入调查研究的基础上，编制行业战略规划，引导行业发展方向；聚焦科技创新，培育发展新动能，提升科技贡献率；

推动品牌建设，夯实文化软实力，提升品牌贡献率；促进区域间、产业间、上下游的交流协作，打造价值链利益共同体；注重推动时尚人才引进，开展各类专业培训、赛事等行业活动，助推专业人才成长；加强行业自律，开展企业维权活动，推进行业诚信建设，维护公平竞争的市场环境。

风雨兼程三十年，一路风雨一路歌。浙江服装产业三十年辉煌的背后，是无数浙江服装人高扬品牌旗帜、把握文化风潮、精细锤炼产品的坚守和追求，是坚守主业、拥抱市场、持续创新的智慧与努力。《潮涌三十年——纪念浙江省服装行业协会成立30周年》记录的就是这三十年波澜壮阔的光辉历程和令人动容的灿烂片段，所总结的就是这值得业界尊敬的务实创新的产业精神和企业家气质。浙江服装产业的三十年，是我国服装产业蓬勃发展的缩影，更是行业未来发展的宝贵精神财富和动力。

在中国式现代化建设加速推进的浪潮中，我国开启了从服装制造大国到服装强国的转变，力争到2035年，把中国服装行业打造成对全球时尚产业发展有推动、有创造、有贡献的服装强国，成为世界时尚科技的主要驱动者、全球时尚的重要引领者、可持续发展的有力推动者，这是包括浙江在内所有中国服装人的追求与梦想。面对时代潮流和产业跃迁的宏大背景，浙江服装行业迎来新作为、大作为的新空间，肩负着新时代新发展的新责任。

在未来的发展中，希望浙江服装产业坚守“科技、时尚、绿色”的产业定位，紧紧把握以人工智能为代表的新一轮产业革命所带来的新机遇，进一步转变发展理念，全面发展新质生产力，以持续的创新推动产业的高质量发展。同时，也衷心希望浙江省服装行业协会立足高站位，瞄准新需求，凝聚新合力，不断创新服务内容和方式，以更高水平的服务推动产业健康发展。

凡是过往，皆为序章。我们相信，在浙江省服装行业协会的大力推动下，在所有浙江服装人的共同努力下，浙江服装产业一定会获得更好的发展，也一定会为中国服装强国建设做出新的更大贡献。

中国纺织工业联合会副会长

中国服装协会会长　陈大鹏

2024年9月

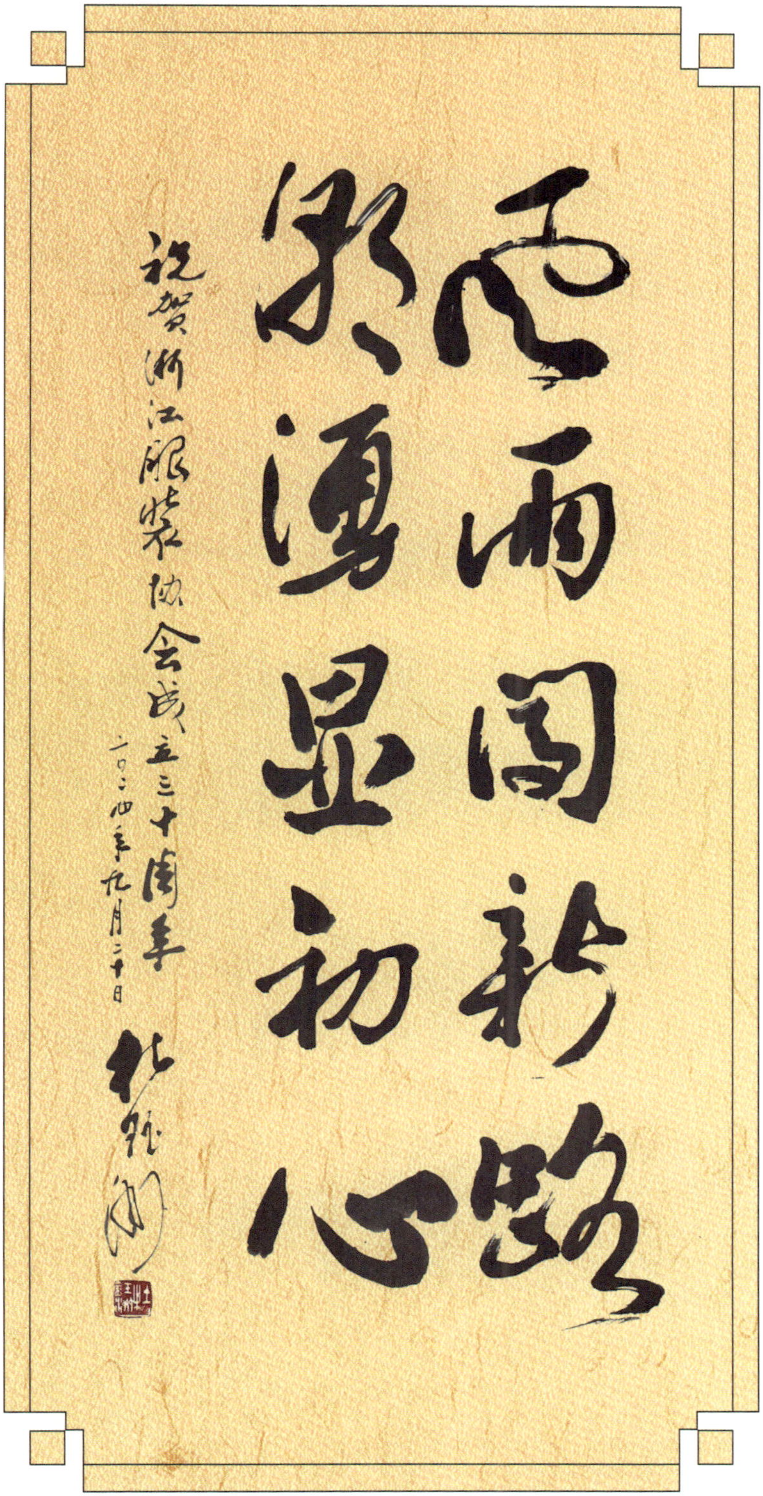
风雨闯新路
彩涌显初心
祝贺浙江服装协会成立三十周年
二〇二四年九月二十日

从1994年至2024年，浙江省服装行业协会已有三十年的发展史。在各级政府部门的关心支持下，在历届理事会会长的带领下，多年来浙江省服装行业协会踏踏实实地致力于服务行业、服务会员，做好服装企业的知心人、行业的代言人、政府的参谋人，肩负服装行业高质量发展的重任，做好“服装为民、服装乐民、服装富民”三篇文章，取得了令人鼓舞的骄人成绩。我为曾任浙江省服装行业协会名誉会长而感到荣幸。衷心祝愿浙江省服装行业协会在会长的带领下励精图治，为浙江省服装行业高质量发展做出更新、更大的贡献！

浙江省人民政府原副省长

曾任浙江省服装行业协会名誉会长

叶荣宝

前言 ▸ FOREWORD

壮哉，三十年

时岁悠悠，中华泱泱。文明的浪潮奔流不息，回响着历史的深沉与辉煌。服装，作为文化的象征和载体，犹如一条瑰丽磅礴的彩练，穿越时空长河，舞动着中华民族的智慧与风华。

浙江省，这片古老又充满活力的土地，自古便是丝绸之府、纺织之乡。

从出土文物确证，早在新石器时代，余姚河姆渡文化时期就有陶制纺轮、石制纺轮、角梭器、木梳形器、木制经轴以及骨匕、木刀、骨针、管状骨针、骨梭和有 4 个齿的锯形器等文物出土，证明当时从纺捻纤维到抛梭织布已经历了漫长的发展进化过程，7000 年前的余姚先民就已经用苎麻、骨针、骨梭等编织成织物，避寒护体。新石器时代晚期，最发达的文化之一被考古学家以最早发现地“杭州良渚”命名为“良渚文化”。考古发现，良渚时期已经生产出丝绸。现今，良渚博物院里就展示着 5000 年前充满经纬之美的织物。

无独有偶，我国至今发现最早、最完整的棉毯，是浙江兰溪出土的南宋时产品，与棉毯一起出土的还有一批衣、裤、裙、袱等，现珍藏在北京中国历史博物馆。

这批文物也印证了 700 多年前的南宋也是浙江服装史上的重要节点，因为南宋定都临安府即今天的杭州，这促使北方大批能工巧匠荟萃江南，浙江服装业出现了空前繁荣。当时，人们的服装除自制外，已经开始请裁缝上门，或送料到裁缝家中制作。发展至明朝，据资料记载，明成化八年（1472 年），仅兰溪一地就有裁缝匠 115 户。据《萧山县志》记载：“在清咸丰、光绪年间，临浦汪阿桂、坎山宋盈富、勤工等缝纫店相继开业。”裁缝以针、尺、粉线袋、火烙铁为工具手工操作。“与剪尺作伴不抬头，飞针走线舞指头，数不清新衣件件出走，自家箱里空悠悠。”当时流传的这则谚语就是裁缝匠劳动生活的鲜活写照。

19 世纪末叶，传统的手工生产开始向机械化、多品种发展。进入 20 世纪，欧洲帝国主义忙于战争，放松来华倾销，浙江地区大批布厂、针织厂相继开业，兴旺一时，服装业也因此走上半机械化道路而加速发展。

然而，历史的车轮滚滚向前，浙江服装业的发展也并非一帆风顺。抗日战争曾让行业遭受重创，陷入低迷和萧条。但浙江人民的勤劳与坚韧从未磨灭，他们在困境中坚守，等待着复兴的时机。直至中华人民共和国成立，浙江服装业沐浴着希望的曙光，迎来恢复期。

中华人民共和国成立之初，浙江服装业仍以手工半机械化操作、接受来料加工的小型店铺为主。1949 年，浙江全省服装业的总产值为 1800 万元。1952 年，杭州的一些个体裁缝响应政府号召，带着自有缝纫机，成立服装生产一社、二社。以后，宁波、湖州、温州等地服装生产社、生产组不断涌现……

在之后的近三十年里，浙江服装业历经了恢复、改造、调整、整顿。直至 1978 年，党的十一届三中全会如同春雷唤醒大地，改革开放政策的实施，不仅带来了国民经济的腾飞，也标志着人民生活水平的显著提升。随之而来的，是一个充满生机与活力的新时代，服装行业的春天来了！

市场的大门一经打开，自由的水流开始渗透每个角落。浙江服装行业正是在这样的背景下，迎来了前所未有的发展机遇。

20 世纪 80 年代起，棉纺织品大幅度增产，市场敞开供应，服装加工原料充裕，服装企业纷纷开始努力开发新品种、新款式。浙江的大街小巷掀起了西服、衬衫、羽绒服、皮衣生产热潮。在 1983 年的一次浙江全省服装看样订货会上，155 家服装厂推出了 3058 种新产品、新款式。各式各样的男女西装、衬衫、套装、长短大衣、风衣、猎装、卡曲衫、夹克衫、滑雪衫、击剑衫、摩托衫、羽绒衣、太空服、连衣裙、百褶裙、睡衣、童装等层出不穷。1985 年浙江服装工业总产值达 13.49 亿元，比 1978 年增长 5.4 倍，平均每年以 30.33%的速度递增。

1986 年 11 月，国务院决定全国服装行业划归纺织部门实行行业管理。当年 12 月，浙江省人民政府作出“为理顺关系，省二轻工业总公司的服装公司及所属服装企业，从 1987 年元月起，成建制地划归省轻工业厅管理”的决定。服装行业划归省轻工业厅后，充分发挥了以服装为龙头的纺织一条龙开发体系，带动整个纺织产业发展。

同时，在纺织工业部（今为中国纺织工业联合会）、浙江省科技厅的组织部署下，在联合国开发署的鼎力支持下，在浙江省化纤纺织研究所的基础上建立了由纺织工业部和浙江省双重领导的服装技术开发中心，其主要任务是以服装产品为龙头，把纺织、染整、服装辅料、服装设计与服装加工技术等方面的研究与生产有机结合起来，促进行业技术发展。

据不完全统计，“七五”“八五”时期，用于服装行业主要企业的技术改造资金达 1.33 亿元。杭州富强服装厂率先从日本引进了电脑排版机，又从德国引进了计算机辅助服装设计（简称服装 CAD）。杭州服装厂引进西装生产线等专用设备 436 台套，宁波服装四厂、五厂、七厂等共新增服装生产能力 397 万件，海宁纺织总厂新增服装生产能力 306 万件。宁波雅戈尔、杉杉引进国际先进的全自动西装、衬衫流水线。有效地提高了生产效率和产品质量。

20 世纪 90 年代始，一些服装企业向集约型生产经营发展。有的与外商合资，有的兼并亏损企业，形成合力，组建集团，拓展多元投资，壮大服装主业。

宁波的杉杉、一休，杭州的凯地、万事利，东阳的野风都资产上亿元，拥有数千名职工。在这些企业的带动下，浙江成为全国西装、衬衫、童装、制服的重点生产基地。1994 年纺织工业部表彰“中国服装工业八强企业”，浙江的茉织华、杉杉、雅戈尔、雪豹、兽王共 5 家企业榜上有名，特别是前 3 家企业由于税利超过亿元，被誉为“中国服装”三巨头……

在改革开放的春风吹遍大江南北的年代，浙江的服装企业像一群勇敢的弄潮儿，站在了市场经济的浪尖上。尤其是“八五”时期以来，中国服装行业跨入了一个飞速发展的新纪元，服装产量和出口量跃居世界首位，基本确立了世界服装制造出口大国的地位。在此背景下，作为服装大省，浙江服装业提速发展，产量持续稳居全国前列，出口创汇名列前茅。

就在产业需求和企业需求愈发蓬勃增长之际，浙江省服装行业协会

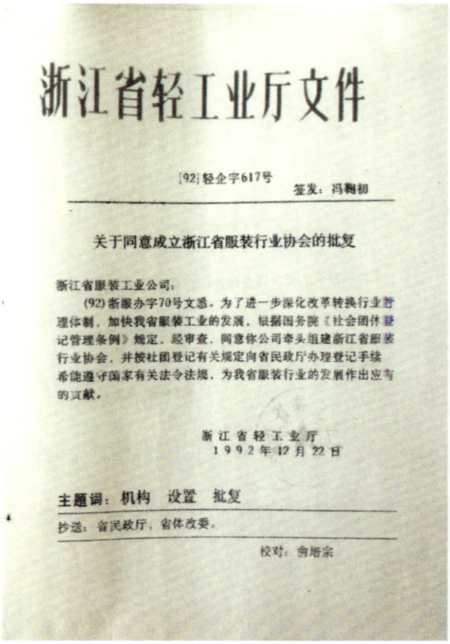

浙江省轻工业厅文件

[92]轻企字617号

签发：冯鞠初

关于同意成立浙江省服装行业协会的批复

浙江省服装工业公司：

(92)浙服办字70号文悉。为了进一步深化改革转换行业管理体制，加快我省服装工业的发展，根据国务院《社会团体登记管理条例》规定，经审查，同意你公司牵头组建浙江省服装行业协会，并按社团登记有关规定向省民政厅办理登记手续。希能遵守国家有关法令法规，为我省服装行业的发展作出应有的贡献。

浙江省轻工业厅
1992年12月22日

主题词：机构　设置　批复

抄送：省民政厅，省体改委。

校对：俞培宗

(a)

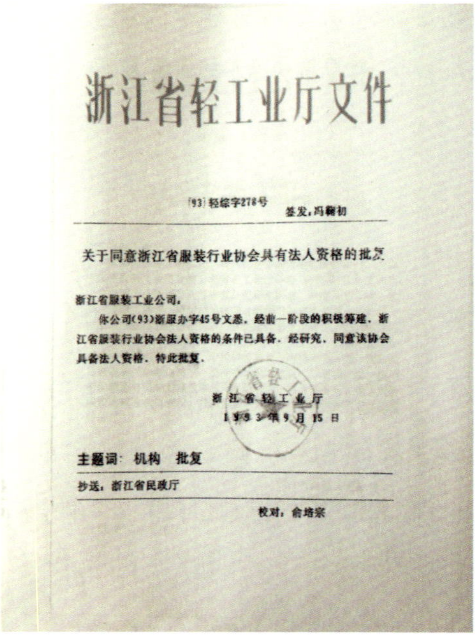

浙江省轻工业厅文件

[93]轻综字278号

签发：冯鞠初

关于同意浙江省服装行业协会具有法人资格的批复

浙江省服装工业公司：

你公司(93)浙服办字45号文悉。经前一阶段的积极筹建，浙江省服装行业协会法人资格的条件已具备。经研究，同意该协会具备法人资格。特此批复。

浙江省轻工业厅
1993年9月15日

主题词：机构　批复

抄送：浙江省民政厅

校对：俞培宗

(b)

图1　浙江省服装行业协会成立批复文件

于1994年应运而生（图1）。自成立以来，浙江省服装行业协会便承载着推动行业发展的使命，如同一位智慧的舵手，引领浙江服装行业在波涛汹涌的市场经济中破浪前行。

三十载春秋流转，浙江省服装行业协会坚守着“小协会　大服务”的信念，矢志不渝地服务产业阔步迈进，推动行业在创新之路上勇毅前行。

三十载风雨兼程，浙江省服装行业协会见证了浙江服装行业跨世纪的蓬勃兴起与壮大。从传统手工艺演进至新质生产力，从曾经的高速发展成功迈向如今的高质量发展，其中的每一步前行都饱含着浙江服装人的辛勤汗水与非凡智慧。

潮涌三十年，本书将这三十年分为四章，力图阐释浙江服装行业历来的非凡激荡，并希冀以此为线索，延展未来的发展与荣光。

第一章描述了产业从1994年开始到2000年的发展历程。这一时期是产业在一片朦胧中探索向前的阶段，是品牌意识萌芽的阶段，是为做大做强打基础的阶段。浙江服装人“放手一搏、敢为人先”的首创精神如同一颗充满生命力的种子，在朦胧时期开拓天地，实现全国服装八强浙江占五，全省产量稳居全国前列，成为中国服装领域中的先行者，拥有了能于混沌之中破冰前行的坚实力量。

第二章则聚焦产业2001—2010年跃升的十年。“入世”打开了一扇大门，所有的企业都开始活跃于激烈的市场变革中，你追我赶，奋勇争先。产业集群振臂高呼、品牌崛起引吭高歌。浙江服装行业在十年之内转型、突破，“不畏艰难”的血液深深汇入产业的骨络，循环往复，生生不息，为浙江服装产业发展提供了强大的源动力。在创新创造的时代，浙江服装行业实现了又一次飞跃。

第三章讲述了2011—2024年浙江服装行业发展的新故事。“新常态”开启了风云际会的新时期，转型升级成为关键词，产业以“科技、时尚、绿色”为战略指引向高质量发展迈进。浙江服装行业在与市场的较量中不断创新求索，于改革中创造享誉世界的中国品牌，于深耕中引领新质生产力探索与应用，于奔跑中适应全球化步调，于每一次波澜起伏中谱写中国服装产业高质量发展的征程。

第四章描绘了一幅传承启新的产业发展新蓝图。阔步未来，机遇与挑战并存。机遇如同璀璨星辰，引领产业探索未来。挑战则考验着企业和企业家们的智慧、勇气和决心。“四千精神”是浙江服装人代代相传的宝藏，它让浙江力量在浙江、在全国、在全球都扎下繁茂的根系。未来，浙江省服装行业协会将以全球化的格局和视野，汇聚全国、全球的浙江力量，带领行业再创辉煌。

却顾所来径，苍苍横翠微。

“十四五”以来，浙江省纺织和服装行业规模以上企业实现工业总产值和营业收入双双首破万亿大关，规模居全国首位；实现纺织品服装出口额822亿美元，居全国第一。

浙江一方潮涌，滴水可见太阳。当我们放宽视野，浙江服装行业的发展历史折射的是人类文明的演进和大步跳跃的国家步伐。当我们聚焦行业，浙江服装行业的发展繁荣，就是整个中国服装行业进步的缩影，为整个中国服装行业的进步贡献力量！

表大会合影留念
2019年11月于宁波

1994 年

1994 年 4 月，在浙江省轻工业厅、浙江省二轻工业（集团）公司、浙江省乡镇企业协会、浙江省丝绸总公司、浙江省中大集团公司、杭州市服装集团公司和浙江省服装工业公司等发起单位的共同努力下，在宁波雅戈尔制衣有限公司、宁波杉杉股份有限公司和浙江茉织华制衣有限公司的支持下，浙江省服装行业协会正式成立。

1994 年 7 月，首期《浙江服装》内部刊物发行。

1995 年

1995 年 1 月，浙江省服装行业协会编制浙江省服装行业"九五"计划和 2010 年长远发展规划。

1995 年 5 月，浙江省服装行业协会组织企业参观学习茉织华的集约经营模式、现代企业管理经验等。

1996 年

1996 年 4 月，浙江省服装行业协会组织企业学习以步森、开尔等为代表的枫桥衬衫企业发展经验。

1996 年 12 月，浙江省服装行业协会全年先后组团考察欧洲五国、泰国和中国香港等地。

2011 年

2011 年 6 月，浙江省服[装]行业协会完成《2010 年浙江服[装]产业发展竞争力发展报告》。

2011 年 12 月，浙江省服[装]行业协会服装设计师分会成立。

2012 年

2012 年 9 月，浙江省服装行业协会五届四次理事会暨全省服装行业工作会议在义乌召开，同期举行"国内外宏观经济形势专题报告"讲座。

2012 年 10—11 月，由浙江省服装行业协会主办的首届"浙江省十佳服装设计师"大赛、首届"浙江省十佳制版师"大赛先后举行。

2013 年

2013 年 2 月，浙江省服装行业协会组织会员企业参加 2013 年浙江省春季大型人才交流会，并设立纺织服装企业招聘专区。

2013 年 9 月，浙江省服装行业协会五届五次理事会暨全省服装行业工作会议在杭州萧山召开。

2014 年

2014 年 5 月，由浙江省服装行业协会主办的 2014 年（首届）杭州国际时装周在杭州西湖天地举行。

2014 年 11 月，浙江省服装行业协会购置 200 余平方米的协会办公用房。

2015 年

2015 年 9 月，浙江省服装行业协会编制完成《浙江省服装行业"十三五"发展规划》。

2015 年 9 月，浙江省服装行业协会六届二次理事会暨全省服装行业工作会议在绍兴召开，同期举办"机器换人、智能制造""VMI 零库存模式"等主题论坛活动。

2016 年

2016 年 4 月，由浙江省服装行业协会联合主办的首届中国（浙江）民族服饰设计展演项目在杭州桐庐落地。

2016 年 6 月，浙江省服装行业协会入驻杭州钱江新城尊宝大厦办公。

2017 年

2017 年 5 月[…]级经信领域第二批[…]协会，浙江省服装[…]在机构、职能、人[…]政机关全面分离，[…]工作。

2017 年 9 月[…]行业协会六届四次[…]晨风集团召开。

97 年

1997 年 12 月，受政府部门托，浙江省服装行业协会创建统计网络，从此每年开展行业工作，为企业申报名牌产品、和“百强”企业提供服务工作。

1997 年 12 月，浙江省服装协会第二届会员代表大会在温开。

1998 年

1998 年 4 月，浙江省服装行业协会与温州市服装商会共同承办的全国服装行业工作会议在温州召开。

1999 年

1999 年 8 月，浙江省服装行业协会二届二次理事会在绍兴嵊州召开。

1999 年 11 月，浙江省服装行业协会完成《浙江省服装行业“十五”发展规划建议》初稿的起草工作。

2000 年

2000 年 8 月，浙江省服装业协会二届三次理事会在舟山召

2000 年 8 月，由浙江省装行业协会合作举办的第三届省职业服展览会举行。

2010 年

2010 年 8 月，浙江省服装行业协会服装制版师分会成立，并先后举办了制版师职业生涯规划、女时装领袖打版要领等技术交流培训活动。

2010 年 10 月，浙江省服装行业协会编制完成了《浙江省服装行业“十二五”发展规划》。

2009 年

2009 年 4 月，浙江省民政厅和省经信委确定浙江省服装行业协会为省内行业协会评估试点单位之一，评定浙江省服装行业协会为首批 5A 级行业协会。

2009 年 9 月，浙江省服装行业协会第五届会员代表大会在嘉兴平湖召开，选举产生浙江省服装行业协会新一届理事会，按期完成换届工作。

2008 年

2008 年 5 月，浙江省服装行业协会四届四次理事会暨全省服装行业工作会议在绍兴柯桥召开，同期举行浙江服装产业创新与发展（绍兴）论坛。

2008 年 10 月，浙江省服装行业协会创编《服装信息选编》内部刊物。截至 2024 年 11 月，共发布 64 期。

2007 年

2007 年 3 月业协会童装分会首届中国国际服装服“打造中国童装品发布会，发布《浙

2007 年 9 月业协会牵头完成“共技术服务平台”得 200 万元项目资

浙江省式点行业会完成方面与行成“脱钩”

省服装会在江苏

2018 年

2018 年 7 月，浙江省服装行业协会官网“中国服装产业网”重新改版上线。

2018 年 11 月，浙江省服装行业协会六届五次理事会在广州红棉国际时装城召开。

2019 年

2019 年 4 月，由浙江省服装行业协会主办的第二届中国（浙江）民族服饰设计展演在杭州桐庐莪山乡举行。

2019 年 11 月，浙江省服装行业协会第七届会员代表大会在宁波召开，大会选举产生协会理事会、监事会，并以无记名投票方式选举产生会长、副会长等，顺利完成换届工作。

2020 年

2020 年 5 月，浙江省服装行业协会成立浙江省服装行业协会纺织行业职业技能等级认定分支机构，开展高级工、技师、高级技师等 10 场服装制版师各类等级鉴定活动。

2020 年 8 月，经浙江省经信厅提议，浙江省 7 家直播机构发起申请，浙江省服装行业协会正式成立互联网直播电商分会，并召开会员代表大会。

2021 年

2021装行业协会产业发展委全国服装行联席会议在

2021装行业协会促进会等单州）时尚产

协会第七届会员代

浙江省服装行业

行
开。
服
江

2001 年

2001 年 6 月，浙江省服装行业协会第三届会员代表大会在宁波召开。

2001 年 7 月，浙江省服装行业协会从此连续五年组织和推荐会员企业申报浙江名牌产品和浙江省著名商标，协助开展对浙江名牌产品和浙江省著名商标的认定工作。

2002 年

2002 年 5 月，浙江省服装行业协会向浙江省政府有关部门提交《中国入世对浙江省服装行业的影响》等报告，代表行业向政府有关部门提出政策建议。

2002 年 8 月，浙江省服装行业协会三届二次理事会暨全省服装行业工作会议在东阳横店召开。

2003 年

2003 年 5 月，受浙江省政协委托，浙江省服装行业协会与省内有关大学共同完成《浙江服装先进制造业基地》课题调研与撰写工作。

2003 年 11 月，由浙江省服装行业协会主办的首届品牌服装服饰交易会在杭州举行，多家会员企业参加，实现销售额达 860 余万元。

2004 年

2004 年 8 月，浙江省服装行业协会三届四次理事会暨全省服装行业工作会议在温州召开，同期举行协会官网“中国服装产业网”开通仪式。

2004 年 11 月，由浙江省服装行业协会主办的第二届品牌服装服饰交易会举行，参展会员企业数量同比增长 53%。

2005 年

2005 年 5 月，浙江省服装行业协会童装分会在杭州成立，同期举行浙江省童装实物检测优质产品发布会。

2005 年 9 月，浙江省服装行业协会第四届会员代表大会在平湖召开，以无记名投票方式差额选举副会长，完成协会换届工作。

2006 年

2006 年 12 月，国家人事部、中国纺织工业协会评定浙江省服装行业协会为“全国纺织行业先进集体”。

2006 年 12 月，全年先后编制完成《浙江省服装行业“十一五”发展规划纲要》《2005 年浙江省服装产业发展竞争力报告》，制订《浙江省服装行业实施品牌发展战略工作计划》。

浙江省服装行
次组团参加第 15
博览会，并举行
牌第一大省”新闻
童装》。
浙江省服装行
浙江省服装行业公
项目的建设，并获
。

4 月，由浙江省服
承办的中国服装协会
员会委员扩大会议暨
业协（商）会负责人
杭州举行。
10 月，浙江省服
联合浙江省电子商务
立共同举办中国（杭
业数字贸易博览会。

2022 年

2022 年 6 月，浙江省服装行业协会荣获 2021 年浙江省经信领域行业协会党委党建考评“党建促发展奖”。

2022 年 7 月，浙江省服装行业协会赴丽水参加“三品”全国行浙江省十链百场万企系列对接活动的纺织产业链专场活动。

2023 年

2023 年 4 月，经浙江省服装行业协会与浙江省毛纺协会、省印染协会、省丝绸协会联合申请，在浙江省经信领域行业协会党委批复下，浙江省经信领域行业协会第五联合党支部成立。

2023 年 7 月，浙江省服装行业协会荣获 2022 年浙江省经信领域行业协会党建考评的“党建促服务奖”。

2024 年

2024 年 5—6 月，浙江省服装行业协会换届筹备工作小组成立，下设浙江省服装行业协会换届筹备工作办公室。《潮涌三十年——纪念浙江省服装行业协会成立 30 周年》图书编委会成立。

2024 年 11 月，浙江省服装行业协会第八届会员代表大会暨协会成立 30 周年庆典活动在杭州临平召开，《潮涌三十年——纪念浙江省服装行业协会成立 30 周年》首发。

目录

CONTENTS

第三章
勇立潮头——变革与奋进（2011—2024 年）

第四章
阔步向未来

第一章

潮起微澜——激进与梦想

（1994—2000 年）

PERIOD OF EXPLORATION

打开世界服装史，当一个地区由于商贸、航运等经济因素，服装流行多变、交流开展频繁时，服装商业和产业必定会发生变化，因势利导就极有可能创造出一个地区由服装经济连带下的繁荣与发达，为国家和社会积累巨大的财富。

浙江，即是如此。立足于悠久的产业历史，乘着改革开放的东风，浙江服装行业在 20 世纪 90 年代进入了夯实基础的关键阶段。这一时期，浙江省服装行业协会“穿针引线”，发挥了至关重要的推进作用，促进行业内相互学习、经验交流、开拓视野，为浙江服装行业的蓬勃发展筑牢了根基。

1

第一节 朦胧时期的探索

作为改革开放的“排头兵”，经历了我国服装工业第一次产业升级 10 年的发展，浙江服装产业勇于冲在改革最前沿，不断在探索中前进，在前进中探索，一步步地完善服装产业链条，日渐发展成为浙江经济的重要产业。

进入 20 世纪 90 年代，浙江服装人坚守“放手一搏、敢为人先”的首创精神，从闯荡世界的果敢到“四千精神”里的坚韧，用勤劳和智慧不仅托起了满足人民对美好生活的新期待，更绘就了浙江服装产业的新篇章。

一、浙江担当勇挑大梁

在浙江，服装产业意义独特。

“八五”期间，从 1990 年我国服装出口创汇 68.4 亿美元，首次超过我国纺织品出口量，占到全世界服装出口总额的 6%，到 1994 年位居世界各国出口的第一位。浙江省服装行业在这一时期发展迅猛，服装产量位列全国前茅，是名副其实的服装大省。

根据 1995 年全国工业普查的统计，浙江省服装总产量约 31.2 亿件，其中梭织服装约 14.3 亿件、针织服装约 16.9 亿件，占全国总产量的 17.3%，实现工业总产值约 373.6 亿元、产品销售收入约

333.1 亿元，全行业从业人员已超 40 万人。

20 世纪 90 年代中期，随着以县、镇区域经济和民营经济为主的服装产业集群快速发展，浙江省日渐形成西服、衬衫、童装、皮装、领带等专业生产基地。高度的产业集聚为浙江带来了巨大的“块状经济”效应，由于服装产业链长、产品种类繁多，“一村一品”“一镇一品”“一县一业”的特色尤为明显，宁波男装、温州男装、杭州女装、织里童装、枫桥衬衫、义乌衬衫、嵊州领带等逐步发展成为中国服装产业的重要生产基地，在中国服装格局中占有一席之地。此外，与服装相匹配的各种辅料服饰配件、缝纫机械基地也正在相继形成。

在集群特色逐渐凸显的同时，名牌、名企、名展也开始不断涌现。

随着服装行业的迅速发展，浙江涌现了一批“名”“优”“特”“新”产品，包括杉杉西装、雅戈尔衬衫、一休童装、雪豹皮装等在内的名牌，逐渐在市场打响了知名度。同时，浙江一批服装企业发展成为企业集团，如茉织华、杉杉、雅戈尔（图 1-1）、罗蒙、好来西、一休、雪豹、万事利等；宁波服装节、织里童装交易会、嵊州中国领带节等一系列专业展会，架起沟通与互联桥梁，引领一些知名品牌开拓国内外市场。

图1-1　“中国服装三巨头”聚首，从左到右依次为雅戈尔创始人李如成、茉织华创始人李勤夫、杉杉创始人郑永刚

与此同时，杭州四季青服装批发市场已成为全国最大的服装市场之一。浙江省内其他地区也先后建立了一批各具特色的服装专业市场，温州妙果寺市场、黄龙商贸城、织里童装市场、中国领带城、义乌国际商贸城服装批发市场、海宁中国皮革城等专业市场，为推动浙江服装产业发展起到重要作用。

在产品结构、供应链体系、服务内容方式和交易模式的不断优化下，蓬勃发展的专业市场逐渐发展出“孵化器”属性，市场的原创品牌也在不断增加，吸引了大量客商。

“八五”期间，行业行政管理体制改革进一步深化，在国家层面把服装行业归口纺织系统管理，构建了“大纺织”的格局。

在此背景下，为更好地促进行业健康发展，1994年4月，由浙江省乡镇企业协会、浙江省二轻工业集团公司、浙江省丝绸公司、浙江省服装进出口公司（中大集团公司）、杭州服装集团公司、浙江省服装工业公司6家单位共同发起筹建的浙江省服装行业协会成立，首批团队会员79家。到1997年，浙江省服装行业协会已发展了166家会员企业，这些会员单位都是各地市县具有代表性、有一定经济规模的服装骨干企业。

浙江省服装行业协会自成立以来及时传递信息，协助政府贯彻国家有关政策法令、法规，掌握服装行业动态，组织企业参加全国性、地区性服装贸易会、交易会、博览会，参加服装设计全国大赛，开展技术交流，组织职工技术培训，开展产品质量评比、品牌推荐、制订行业发展近远期规划等，为促进浙江省服装产业发展做了大量工作。

截至2000年，浙江省各地市、县相继筹备和成立服装行业协会、商会和专业委员会等社团组织共22个，在全省逐渐形成行业管理的网络。

二、有牌到名牌持续进阶

20 世纪 90 年代初，随着国内市场对名牌服装的需求不断高涨，浙江省服装企业成为较早的品牌觉醒者。

“那时候，国外的很多品牌通过中国香港等渠道进入中国内地市场，他们的产品并没有比我们好到哪里，但产品价格却高多了，我们发现它的微妙之处就是品牌在起作用。”温州市服装商会第三、第四届会长陈敏回忆道。

的确，作为最早一批开始实施和推进名牌战略的产业之一，浙江服装产业名牌战略发展必定基于一大批世界级的制造品牌、区域品牌和终端品牌的涌现，而当时的服装行业还普遍停留在卖产品、卖款式的阶段。也因此，浙江省在实施和推进名牌战略的过程中始终面临两大任务：一是创立名牌，二是保护和发展名牌。

时任浙江省服装行业协会理事长冯德虎分析指出，改革开放以来，不少企业历经十多年的拼搏和努力，已经获得了较大的发展。但在国际市场竞争日益激烈、竞争主体日趋多元化的形势下，企业再想跟以往一样仅靠产品销售来积累资本和做大规模的做法已经越来越困难。

如何转变服装产业发展思路，争创国际名牌，并以产权为纽带进行跨地区、跨部门、跨行业整合，以超常规、跳跃式发展思路来快速扩张自身实力，切实增强企业在国际国内市场的竞争能力，就成了世纪之交浙江服装产业发展的当务之急。

在冯德虎看来，入世后，产业发展在迎来前所未有的有利条件和大好机遇的同时，也会面临竞争空前激烈的国际国内市场形势，创品牌、争品牌、保品牌将会是一场世纪大战。“因此，我们应把创品牌、保名牌和发展名牌作为一项持久的系统工程，并从各自独特的市场定位和形象定位，走有特色的名牌发展之路。”

创立名牌时期，也是浙江省加快服装企业结构调整的时期。1997 年，浙江服装企业数量达到 8000 多家，但真正具有相当规模和实力的企业集团不多，整体竞争实力也不够强，这种状况还不能适应市场竞争的需要。浙江省一批服装企业以品牌为龙头，依据自愿互补互助的原则，通过联合、兼并、租赁、合资、收购等多种形式，进行战略性改组，实现了生产要素的优化组合和资源的合理配置，组建了一批实力雄厚的企业集团，以增强企业的实力和市场的竞争能力。

当时，不少浙江服装企业开始尝试组建“三资”企业（中外合资经营企业、中外合作经营企业、外商独资经营企业），涌现了许多具有代表性的三资企业实践案例，为其他地区服装企业提供了宝贵的参考借鉴经验。

1990 年，平湖新仓服装一厂与日本松冈纤维工业株式会社合资创办了浙江茉织华制衣有限公司。1992 年，其又引入韩方，由中、日、韩三方合资办厂，成立专业生产衬衫的嘉兴罗马制衣有限公司，在充分发挥中方生产管理经验、日方资金设备、韩方国际销路等三方资源优势基础上，仅一年时间就实现产值 5000 万元、利润 750 万元、出口创汇 700 万美元。

此后，茉织华又相继与外商合资成立了吉成、松岗等 9 家合资企业。到 1995 年，包括三菱重工、索尼、松下、日立、东芝、日航、铁路东京新干线等日本知名企业的工作服基本是茉织华所生产。

也是在 1990 年，雅戈尔与澳门南光公司合资，引进国外先进设备，采用国际先进工艺，逐渐打响“雅戈尔”名牌衬衫的知名度。1993 年，其斥资 60 万元买下资不抵债的纤维毛纺厂，并与来自日本、中国香港等国家和地区的 4 家企业合资成立了中冠（宁波）纺织制衣有限公司，把其生产的童装全部交由日方销售，1995 年已实现企业销售 2600 万元、创造利润 500 万元。

这一时期，通过“三资企业”的发展，浙江服装企业引进国际先进设备和管理技术，并学而有所创新地生产出更高质量的服装，极大地促进了产业现代化发展。在此基础上，浙江服装企业也进一步明确了竞争主体地位，制订具有针对性的竞争战略和措施，例如以步森、开尔、情森等为代表的枫桥衬衫企业，依靠自己的财力进入市场竞争、自我发展；温州服装企业以质量立厂、名牌兴业、快速反应、重振雄风……

在现代企业的经营管理中，名牌战略等经营战略的选择和制订，越来越受到具有远见卓识的企业和企业家们的重视。许多浙江服装企业在培育名牌、宣传名牌、保护名牌、发展名牌方面做了大量的卓有成效的工作，并取得了卓越的成就，呈现名牌迭出的可喜局面。

1995—1997 年，浙江企业上榜中国名牌衬衫 5 个、精品 7 个，浙江省西服名牌 6 个、精品 12 个。雅戈尔、大乐、好来西、洛兹等 5 个品牌的衬衫被评为中国名牌衬衫，占全国 20 个名牌衬衫的 20%；开尔、名扬天、秋意浓、神驰等 7 个品牌的衬衫被评为中国精品衬衫，占全国 21 个精品衬衫的 33%。夏蒙、培罗成、金顶针、华士、庄吉、冠友等被评为浙江西服名牌；威达、申瓯、海德绅、欧王、鹤山、马格喜、金海乐、悦泰、金鲨等被评为浙江西服精品。当然，还有杉杉和罗蒙已经成为中国十大名牌西服。

以提高产品质量和市场竞争能力、提高经济增长的质量和效益为目的，积极争创名牌产品，成为浙江服装行业乃至全行业的共识。

当时，一个国际公认的观点是，新产品研发开发费用占产销收入 1% 的企业通常难以生存，占 2% 的企业仅能维持，占 5% 的企业在市场上才有竞争力。

为增强浙江服装产业设计和新品研发力度，早在浙江服装行业划归省轻工业厅之际，就把服装技术开发中心设在了浙江杭州，将研究和生产有机地结合起来创新推动服装产业发展。同时，根据各服装企业自身的市场定位和形象定位，以新的视野、新的理念，大大加强对服装面辅料、服装设计的研究开发，将服装民族性与世界性高度统一，进而从根本上增强浙江省服装业在国际国内市场上的竞争力。

许多服装企业为推进名牌战略发展，纷纷引进国际领先技术与设备，提高产品科技含量。浙江省服装行业统计数据显示，以参加统计的会员单位为例，仅 2000 年，用于技术改造的资金就达 8.16 亿元。

经初步统计，截至 2000 年 12 月 31 日，浙江省服装行业协会会员单位中，已配备 102 套 CAD 服装辅助设计系统、11 套 CAM 服装辅助制造系统，装备 31 条服装吊挂流水线；有 89 家通过 ISO 9000 质量管理体系标准认证。大多数企业的生产效率得到提高，产品质量得到保证，企业形象得到提升，人员素质也有了提高，浙江服装行业已经成为全国服装行业高科技装备最多的省份之一。

中国服装协会公布的 2000 年全国服装行业“百强企业”名单显示，浙江省上榜销售收入“百强企业”有 29 家，比 1996 年增加 15 家；上榜利润总额百强企业有 30 家，比 1996 年增加 11 家；上榜“双百强企业”有 26 家，比 1996 年增加 12 家，而这一切是浙江服装产业稳扎稳打地从量的扩张向质的提升转型发展所取得的卓越成效，更展现了浙江服装在产业规模与效益增长的强劲上升势头。

从产品到有牌再到名牌，浙江服装产业识时通变、华丽转身，为中国服装产业发展提供了一个鲜活的样本。

2

第二节
“浙”里扬帆风正劲

大潮起东方，风正好扬帆。

伴随着党的十一届三中全会吹响改革开放的时代号角，之江大地春潮涌动，吃“改革饭”、走“开放路”，无数的改革者、创业者敢闯敢试勇向潮头立，积极探索着改革创新的浙江先行之路。从摇着拨浪鼓跑供销到发展块状特色产业、从家庭作坊式前店后厂到兴办专业市场、从“四个轮子”一起转到民营企业异军突起……

这个昔日只是个“七山一水二分田”的资源小省紧紧围绕着向改革要发展、向改革要动力，不畏艰难地爬坡过坎，奋力书写下一个个“无中生有”的传奇，一跃成为中国经济版图上举足轻重的经济大省、产业大省。最新公布的数据显示，2024 年 8 月，浙江省规模以上工业总产值超千亿元或规模以上工业企业数超千家的 45 个工业大县（市、区）名单中，杭州、宁波、温州、义乌、诸暨、海宁、柯桥、平湖、桐乡等均榜上有名。

作为浙江发展产业经济的核心力量，这些工业大县（市、区）多年来已形成强大的产业基础及各具特色的鲜明产业优势，在区域经济布局中起着重要作用，堪称推动经济发展的“压舱石”“稳定器”。根据已公布的数据，这 45 个工业大县（市、区）创造的经济总量约占全省八成左右，也就是说抓好这些工业大县（市、区）

的经济发展，也就是稳住了浙江经济发展的基本盘。

一、改革先行先试样板

分析浙江产业经济优势形成的原因，会发现早年间无论是“温州模式”“红帮精神”，抑或是“枫桥经验”“扁担精神”等，无一不是在先天条件不足之下，却依然敢作敢为、求新求变、创造机遇、攻坚突破的真实写照，这是破题新时代浙江服装产业高质量发展，继续勇当先行者、谱写新篇章的责任所在，也是底气所在。

在改革开放之初，温州经济的改革步伐就非常超前。从农村改革包产到户的大胆实践，到全国第一个关于私营企业、股份合作企业运营的地方性法规出台、全国第一张个体工商业营业执照的发放、全国第一个股份制城市信用社的推出，再到全国第一条私营包机航线的出现、百万“温州供销大军”的名扬四海等，可谓将“敢为天下先”精神镌刻进了温州人的骨子里。

在服装行业中，不仅温州人穿着时髦（图1-2），而且人们耳

图1-2　20世纪90年代，温州市场随处可见穿着时髦的年轻人

熟能详的那些服装企业中，森马、报喜鸟、乔顿、雪歌、飘蕾、美特斯邦威等均来自温州，比音勒芬、威克多、欧时力、MO&CO、地素等也不乏温州人的身影。“常有人说温州人就是中国的‘犹太人’，头脑特别精明，会做生意，但这并非天生，而是受环境影响所致。”温州市服装商会第三、第四届会长陈敏如是说。

改革开放前，如果说浙江是“七山一水二分田”，人多地少，那么温州更是少之又少，人均耕地面积还不到半亩田。由于历史上地处海防前线，早期国家对其投资很少，加上地理环境多为山区，交通也十分闭塞，导致当地集体经济基础非常薄弱。

谋求生路，温州人不得不走出家门，走南闯北“做生意”“耍手艺”，足迹遍布全国甚至海外。温州家庭作坊式加工生产也是从那时快速发展起来：没有钱投资建厂房，那就将自己的住房变成生产车间；没有集体企业的成熟商品生产技术经验，那就从技术简单、运输方便的小商品起步做小买卖挣钱……到20世纪80年代，以家庭作坊等为代表的个体经济已在整个温州经济里占据了重要地位。

这在我国市场经济萌芽之初，温州经济发展的活跃性与先锋性显然同样瞩目。1985年5月12日，一篇名为《温州33万人从事家庭工业》的报道在《解放日报》头版头条刊发。文中指出，温州农村家庭工业在短短数年所创造的“经济奇迹”，已被一些经济学家视为“家庭工业发展看浙南”的典型样板，是带动广大农村走向富裕的“温州模式”。

但与此同时，在那个集体经济占主流的年代，“标新立异”地发展个体私营经济仍被不少人视为“洪水猛兽”，因此关于“温州模式”是姓“资”还是姓“社”的争论也在相当长的一段时间里成为社会大众普遍关注的焦点之一，直到1992年邓小平同志发表南方谈话明确要加大改革开放力度，才算是给当时的温州经济发展定了性，令温州改革之路越走越坚定。

从公布的数据来看，1978 年至 1995 年，温州地区生产总值从 13 亿元增长到 400 多亿元，平均每年增长 15%；工业总产值从 11 亿元增长到 700 多亿元，平均每年增长 19%；农民人均纯收入从 113 元增长到 2594 元，平均每年增长 20%。

温州服装也在 20 世纪 90 年代迎来产业新一轮发展机遇期。作为我国首批沿海开放城市之一，温州经济技术开发区于 1992 年经国务院批准设立，此后开发区不断优化营商投资环境，吸引了 20 多个国家和地区的客商前来投资设厂，带动当地民营经济发展非常活跃。

曾旭光是最早进入温州经济技术开发区的外商之一，侨居巴黎的他积极响应温州市政府号召回乡投资创业。在他和华士服装的影响下，“要做好服装就必须有先进的设备做后盾”逐渐成为温州业界共识。

这其中就有庄吉服装。素有柳市“电器大王”之名的郑元忠在这一时期选择退出电器市场，把其经营电器赚来的钱都投入在温州经济技术开发区开办服装企业，并斥巨资建厂房、购买先进设备进行生产运营，由此才有了数年后业界鼎鼎大名的庄吉服装（图 1-3）。

图1-3　1996年，庄吉集团三位合伙人合影

曾任庄吉集团董事长的陈敏回忆起当年情景时谈道，“企业做出来的服装都不愁卖不掉，经销商都是排队等着取货”。

的确，随着生产设备与技术的更新，温州服装产品质量上来了，档次提高了，订单也多了，产业整体实力也在不断增强。

数据显示，1994 年温州服装业总产值还不到 20 亿元，到 1999 年，温州服装业总产值已突破 200 亿元大关，20 多家服装企业装备达到国际水平，35 个服装品牌产品达到国家级优等品标准。

当“发展温州人经济”热火朝天地进行之时，同为我国首批沿海开放城市的宁波喊出“宁波帮帮宁波”口号则还要更早些。

40 年前，在我国对外开放格局初步形成之时，邓小平同志就对这座改革开放的前沿城市发出了“把全世界的‘宁波帮’都动员起来建设宁波”的号召。

这里拥有深厚红帮文化底蕴，是我国近现代服装产业发展的先行地。

从制作中国第一套西服、第一套中山装，到开办中国第一家西服店、第一家西服工艺学校，再到出版第一部服装理论著作……

百年间，无数宁波手艺人穿行于开埠后的上海滩，靠着一把剪刀、一个熨斗和一卷皮尺打天下，凭借着西服制作“加工足料、精工细作、永不走样”，闯出了蜚声中外的“红帮裁缝”之名。

改革开放后，作为海外“舶来品”的西服在国内一度供不应求。这些“红帮裁缝”凭借着高超的西服制作技艺，为宁波服装企业承接上海服装加工订单转移提供了强有力的技术支持。譬如，宁波培罗成西服在上海打响知名度，离不开“红帮”第五代传人陆成法的鼎力支持（图 1-4）；罗蒙在创立之初就聘请了“服装国师”“西服国手”余元芳等红帮裁缝为技术顾问，其生产的服装以做工精细、衬头挺括、烫工到家、款式新颖、面料优质等特点著称，连续多年被上海评为优质产品，并且是首届中国十大名牌西服之一，被列入“八五”时期全国重点服装名牌产品。

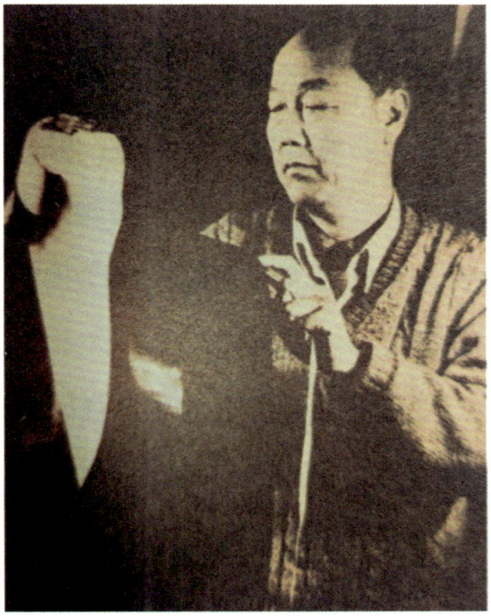

图1-4　培罗成功臣陆成法

不仅是培罗成、罗蒙，当时从上海服装厂请宁波籍的红帮裁缝来宁波服装厂里当师傅传授技艺，几乎是司空见惯的模式。每个周六的晚上，上海服装厂的老师傅们就坐上班轮，周日一大早赶到宁波服装厂加以指点，然后当晚再坐上返回上海的班轮，赶周一一大早上班。如此周而复始，被人们亲切地称为“星期天工程师”。

“正是在这一批批‘星期天工程师’的技术指导下，宁波服装企业的生产技术得到了迅速提升。”中国服装协会产业经济研究所所长陈国强表示，凭借着前期为上海加工生产所积累的良好生产基础，宁波在 20 世纪 90 年代国际服装产业格局调整时较好地承接住了这一轮产业转移机遇，为国外企业做加工生产，进一步扩大产品出口创汇。

1990 年底，投产 8 个月就实现创汇 250 万美元的申洲织造公司，成了当地的创汇大户。在这背后，是企业积极学习先进生产技术与企业管理经验，先后从上海引进了 30 多位上海师傅来厂传授技术。经过培训后仍操作不合格的员工，一律予以清退。也是在这种严格的择优汰劣机制下，申洲很快培养了一大批熟练技术工人。

“管理上要从严，产品上要从新，经营上要从活，我们的企业就是这样起步的。”或许正是因为敢于从严从难挑战，做别人做不了的、没有做过的产品，申洲织造公司在当时快速发展，订单源源不断，甚至出现因任务多而接不了订单的情况，这与当年部分接不着订单的企业形成鲜明对比。

如今业内知名的雅戈尔，也是依靠 20 世纪 80 年代与上海开开服装厂横向联营，在掌握先进制造工艺、升级更新生产设备后，迎来了企业大步向前发展的“加速跑”时期。到 20 世纪 90 年代，雅戈尔的企业销售额和利润以年增速超 85% 的速度快速发展，已然成为当时国内最大的服装生产企业。

依靠群众发展的“枫桥经验”发源地——中国衬衫名镇枫桥衬衫产业的起步，也与上海有着千丝万缕的联系。

1984 年，退伍后在当地政府部门就职的何志江，接到了要筹建一家服装厂的任务。一没技术，二没渠道，何志江想方设法找到了当时闻名的上海开开服装厂。为促成与之合作，何志江高薪从上海聘请工人，并选送年轻骨干到上海培训，就这样在枫桥克隆出一个小“开开”，这也是枫桥衬衫四大品牌之一开尔的名字中“开”的由来，而这些经过专业培训的年轻人也为后续枫桥衬衫形成产业规模优势奠定了人才基础。

1985 年，步森的前身——枫桥百树衬衫厂刚成立时，也与当时许多刚起步的服装厂一样，替上海一家企业加工衬衫。“因为质量好，衬衫在市场上很畅销。我们以征求质量意见的形式在产品包装箱内放了一张印有百树服装厂地址、电话的小卡片，结果很快就有沈阳、南京、济南等地的客户找上门来，在看到工人们一丝不苟的操作过程和产品过硬的质量后，客户直接订购要货几千件。”步森董事长陈能恩表示，品牌商标“步森”也因此而来，寓意着企业正从“一百棵树”步入到服装行业的“大森林”（图 1-5）。到 1999 年，年产量超 500 万件的步森上缴税收已达 800 多万元，成为诸暨市的第一纳税大户。

事实上，在这一时期，在步森、开尔、情森、海魄等企业的辐射带动下，枫桥镇年产衬衫达 2000 多万件。1999 年 12 月，国家服装质量监督检验中心抽查了国内 7000 多家衬衫企业的产品，在 46 个优等品中，枫桥镇独得 11 个，“中国名品衬衫之乡”由此名闻天下。

同样有着“中国衬衫之乡”之名的义乌也是吃着“改革饭”长大的。据义乌市服装行业协会会长金洪辉回忆，从“鸡毛换糖”

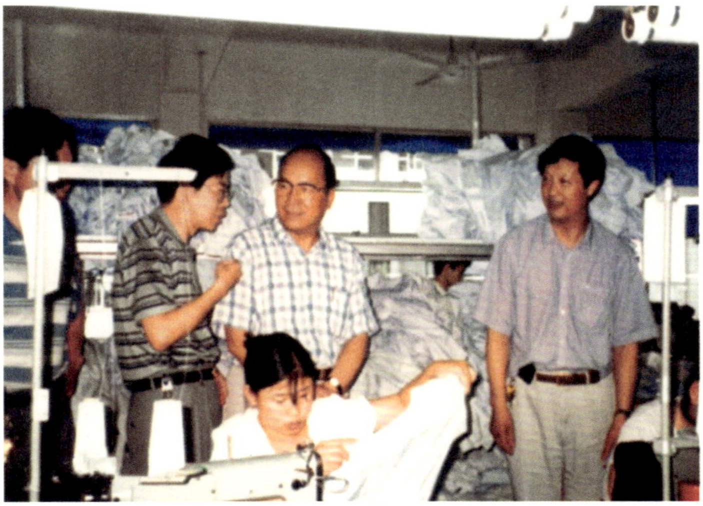

图1-5　步森董事长陈能恩陪同时任纺织工业部副部长王曾敬等领导参观企业车间

出发到建立小商品市场，在改革开放后，正是受义乌小商品经济的影响，一批有能力和前瞻性的人陆续在义乌创办服装厂。这也是义乌服装产业的最初萌芽。此后，随着乡办、村办衬衫厂逐步从集体经济中脱离，义乌市衬衫企业数量迎来井喷式增长，企业生产规模也不断壮大。

到 20 世纪 90 年代初，义乌市衬衫企业数量已达 600 余家，1995 年更是突破千家，涌现了一批拥有 10 条流水线的大规模衬衫企业，以及颇具影响力的衬衫企业，如丝绸制衣、迈高特、羽艳、万宝等。彼时，义乌衬衫年产量已达 3.5 亿件，全行业销售收入约占义乌市工业总产值的三分之一，衬衫产业已然成为义乌市的支柱产业。

得益于丝绸业的悠久历史与深厚积淀，杭州丝绸服装业在我国早期轻纺工业发展中占有重要地位。随着改革开放带来的市场放开，杭州出现一大批服装企业从事丝绸服装生产和外贸加工业务，带动杭州丝绸服装产品在国内外市场占有率日渐增高，并涌现了以喜得宝、凯地等为代表的丝绸服装集团企业。这些企业在市场经济体制改革的不断深化下，加快推行现代企业运行机制，并不断创新品牌，增强自身的市场竞争能力。

与此同时，一批具有多年在服装企业积累实践经验的骨干和受过高等教育的毕业生以及从事服装经营的专业户在此时开始走进市场，探索“前店后坊”式服装创业模式，蓝色倾情、浪漫一身、流金岁月等一批女装企业开始崛起，杭州武林路以女装为主导的个性服装店日渐初具规模……杭州蓝色倾情服饰有限公司董事长钱峰说：“杭州的院校培养了很多设计师，这些设计师在 20 世纪 90 年代初开始自主创业，在历史悠久的产业环境浸润下，这些设计师创业成果颇丰，致使行业在那一时期诞生了包括蓝色倾情在内的一批优秀品牌。”

杭州女装也由此进入早期的“杭派”女装发展阶段，到 20 世纪末，杭州已经基本形成以江干、下城、西湖等老城区为主的品牌女装集群，以萧山、余杭等新城区为主的服装加工集群。

二、市场兴业振翅腾飞

一个有意思的现象是，在 20 世纪 90 年代的浙江，虽然不少地区的单个企业规模并不大，很多甚至是家庭作坊式生产工厂，却因汇聚了大量中小企业和专业市场，日渐形成“生产在一家一户、规模在千家万户”的区域产业格局与规模经济优势。

某种意义上，这些专业市场的兴起发展既为个体私营经济提供了较为宽松的成长空间，也在一定程度上弥补了浙江原材料资源短缺等不足，使资源能够在更大范围内得到优化配置，助力企业发展壮大。而在因地制宜的特色产业与专业市场联动发展下，不同地区产业经济既各具特点又相互依赖、既专业分工又资源互补，由此造就了极具浙江区域特色的一乡一品、一县一业“块状经济”成长模式，并成为推动整体浙江经济快速发展的重要因素。

当改革开放的春风吹拂到织里这个“穷乡僻壤”的浙北小镇时，织里人早早就萌发了市场经济意识。

“在家一台洋机绣枕套，在外一人挑担跑单帮。”织里镇童装商会党委书记史宁慧表示，在不断适应市场的过程中，每天用扁担挑着大包小包将自家缝制的绣花枕套等小商品拿到街边摆摊的织里人自发地在织里老街形成了一个绣品地摊市场。

此后数年，从织里小商品市场到织里绣品市场的建成（图1-6），织里逐渐形成以绣品、童装等为主体的专业市场发展，包括棉坯布、服装辅料等相关配套产业也随之兴起，高峰时期的摊位甚至供不应求。

进入 20 世纪 90 年代，织里童装专业市场在全国的优势地位开始形成和确立。紧靠 318 国道建立的中国织里童装市场，吸引了来自全国各地的批发商。也得益于产业链配套完善优势，“织里童装”区域品牌开始在全国童装市场叫响，到 1997 年织里童装产业销售额已突破 6 亿元。

在嵊州，一条领带织出年产 3 亿条产业规模的奇迹也是源于中国领带城——这一专门销售领带的专业市场的引领与发展。尽管早期中国领带城的前身浙东领带服装城交易冷清，但随着其市场化发展的转型调整及批发交易功能的日趋完善，在 1995—1998 年，中国领带城吸引了石璜、城关、黄泽等为代表的乡镇私营企业和家庭作坊，由农村向市区大规模搬迁。仅 1997 年一年时间，

(a) (b)

图1-6 街边摆摊的织里人自发形成了早期的织里绣品市场

市区领带企业就如雨后春笋般由 200 多家猛增到 700 多家，这也为嵊州领带本土化力量快速扩张提升，形成国内乃至国际领带产业集聚洼地奠定了良好的产业基础，其领带年产量规模在这一时期很快达到了 2 亿多条。

蓄势待发的嵊州在 1998 年 11 月举办了第一届中国领带节活动，期间成立了中国服装协会服饰专业委员会，审议了全国领带行业标准，发布了 1999 年春夏中国领带流行趋势（图 1-7），开展了领带服饰理论研讨和领带新品、名品、精品展示展销等系列活动，由此让越来越多的人了解到领带出产自嵊州，从而在国内外一炮打响了“嵊州领带”的知名度，改写了领带销售由“一捆捆”变为“一支支”的产业历史，并日渐发展成为城市闪耀的名片。

作为历史上的一座手工业名城，温州的专业市场发展也是走在前列。

早在 20 世纪 80 年代，温州场桥是当地人气最旺的地方之一，这里有浦桥村羊毛衫市场等专业市场，并在全国各地建立了 100 多个羊毛衫销售网点，令温州毛衫产品不仅畅销国内，而且远销东南亚各国和地区。包括妙果寺服装批发市场、黄龙商贸城等在内的专业市场也在二十世纪八九十年代如雨后春笋般涌现出来。

图1-7　在1998年嵊州中国领带节期间，1999年春夏国际领带流行趋势发布

1985 年创建的

妙果寺市场在 20 世纪 90 年代发展成为当时温州市区开办的最大专业市场，曾是全国著名服装市场和全国最大的十家专业市场之一。

在当时，蓬勃发展的妙果寺市场被称为“温州的雅宝路市场”，其占地超 1 万平方米，有 1000 多个摊位，年客流量达 300 万人次以上。因为在那个年代温州家庭作坊式的生产加工几乎遍地开花，市场里的许多摊位都是前店后厂式的夫妻店，也因此前店后厂是很多温州服装人的共同回忆（图 1-8）。

建于 1993 年的黄龙商贸城则是浙南闽北规模最大的商品交易市场，其中设有温州商贸城、浙南鞋料市场、温州家电市场、温州服装市场等 7 家市场，从业人员近 3 万人，涉及纺织品、皮革鞋料、小商品、服装、成品鞋、家电等行业。

在 20 世纪 90 年代的温州街头，穿着时髦的温州人尤为吸睛，这不仅得益于其新鲜快速的时尚讯息，更依赖于当地服装产业链配套齐全。

从妙果寺服装批发市场、清明桥西装一条街到黄龙商贸城服装面辅料市场等，只要国际流行款式一发布，很快就能见到温州的时尚青年男女穿在身上。可以说，温州服装因市场起家、因市场而兴，专业市场在

图1-8 妙果寺市场是当时温州市区开办的最大专业市场

助推服装产业发展、带动就业、富民增收中有着重要作用。飘蕾、美特斯邦威等众多业内服装企业也是从此初创发展起来，并日渐成为温州服装产业的重要力量。

如今有着“中国服装第一街”之称的四季青市场，在创立发展之初由综合性市场转型为服装专业市场，也是因为与温州的一段不解之缘。

四季青服装集团董事长祝浩泉至今都记得1989年10月四季青综合交易市场开业没多久就门可罗雀，因为没有生意，摊主们闹着要退租。正焦头烂额的祝浩泉迎来了一个转机：一个和他年龄相仿的温州人走进了他的办公室，一开口就要租下市场三分之一的摊位，并建议他把综合市场改为服装市场。

尽管当时双方在招商、租金、税收等方面并没有谈拢。但开办服装市场的念头已经在祝浩泉心里悄然扎下了根。之后，祝浩泉下定决心跑到温州招商，还在温州日报大手笔打出广告。1989年11月，“重装”开业的四季青服装市场，45个摊位商户都来自温州。

此后，四季青服装市场的发展驶向“快车道”，到1994年，市场已扩建四期工程，营业面积由最初的7000平方米扩大至61000平方米，摊位由45个增至2350余个，吸引了国内外客商纷至沓来，成就了无数创业者的“造富梦想”。发展最火爆时，全国十多亿人里平均每人有一件衣服来自四季青市场。

不仅是从零起步发展专业市场，浙江还擅长无中生有，自己创造市场商机。“中国皮革看海宁！”这句从20世纪90年代末就被搬上无数广告牌的宣传语，却诠释了不产皮毛的海宁多年来奇迹般地发展成全国最大皮革交易市场的传奇发展史。

没有资源优势的海宁，一方面通过建设发展皮革城市场，吸引数千名商户入驻经营，另一方面做强皮革皮草产业链，做成精细化、高附加值产业，并用独具特色的营销宣传模式把皮革做成大文章，日渐形成从原料、设计、加工到成衣销售一条龙的全国最大皮草集散地，造就了数不清的百万、千万富翁，海宁这座城市也从默默无闻变得风光无限。

因为市场发展所形成的新购买力、新经营方式、新流通渠道等，同样对义乌经济的发展起到强大的推动作用。

20 世纪 90 年代，义乌小商品市场紧抓市场契机，在其下设 21 个棉布批发站，不仅为当地乡镇企业、家庭作坊等提供近 2000 万米布料，占金华市供销系统总额的 69.1%，更吸引了山东威海第四毛纺厂、无锡织袜总厂等一批外地企业进驻义乌小商品市场开设窗口推销其产品，丰富了区域间的多形式、多层次商贸往来。

相关统计数据显示，“九五”以来，浙江省已形成产值超亿元的企业集群 306 个，年产值总量达 2644 亿元；专业市场 4600 个，年成交额 3200 亿元。

正所谓“建一方市场，兴一方产业，活一方经济，富一方百姓”，这一个个专业市场在当时形成了非常活跃的市场氛围和非常广泛的市场辐射影响力，充分发挥市场之“能”来激活区域经济发展之“水”。

三、多方赋能促产业发展

20 世纪 90 年代，我国已发展成为名副其实的世界最大服装生产出口国，浙江服装产业作为全行业调整突破发展的先行者，持续变革创新，奋勇砥砺前行，在这过程中，从政府到协会（商会）、院校都做出了积极努力，协同推进产业前行。

现任浙江省人民政府常务副省长徐文光是诸暨人，从 1990 年以来的近十年先后任职诸暨市枫桥区团工委书记，市政府办公室副主任，枫桥镇镇长、党委书记等，见证并推动了枫桥衬衫产业的蓬勃发展。

在时任枫桥镇人大主席毛建华看来，正是在徐文光的组织带领下，以步森、情森等为代表的枫桥衬衫企业积极走出去学习交流，不断提升品牌意识、质量意识，带动区域产业规模与品牌效应在这一时期快速发展。

这一时期，浙江服装人迎来了自己的省级行业协会组织。在 1994 年 4 月 28 日这个值得铭记的日子，浙江省服装行业协会宣告成立。这是时代发展的需要，也是产业发展的需求。

其实在 1991 年，拥有 4000 余家服装企业的浙江已发展为我国服装大省，年产服装达 4 亿件，在全国名列前茅。但在如何将产业数量优势转换成效益优势，在已形成茉织华、杉杉、雅戈尔等一批知名企业基础上发展更多高水平、可比肩国际的服装品牌，推动浙江服装产业进一步发挥产品质量优、出口创汇多等优势方面仍存在短板。

特别是伴随着市场经济体系改革的逐渐深入，如何适应市场经济形势全面规划行业发展、协调区域产业协同专业化合作，推动全行业高层次发展已是大势所趋。浙江省服装行业协会由此应运而生。

在 20 世纪 90 年代浙江省服装行业协会成立发展初期，浙江省各级领导给予了高度重视，时任浙江省人民政府秘书长鲁松庭出席协会成立大会、浙江省人民政府副省长叶荣宝出席第二届会员代表大会，并在发言中积极支持行业协会开展工作，为助力浙江省服装工业蓬勃发展“添砖加瓦”（图 1-9）。

事实上，到 1997 年浙江省服装行业协会召开第二届会员代表大会时，仅短短 3 年时间，协会成员已从 79 家发展到 166 家，汇聚了一批浙江省各地区有代表性、有一定经济规模的服装骨干企业力量。

协会联同多方组织参加各类交流、评选、会展活动，协助浙江服装企业深入实施名牌战略、紧贴市场拓展多元销售渠道。

例如，在 1995 年至 1997 年，协会先后组织企业参加全国名牌推荐活动、浙江名牌西服推荐活动等；组织企业参加上海服装服饰大汇展、上海国际服装文化节服装博览会、中国国际服装服饰博览会、中国首届服装展示交易会、亚太国际贸易博览会、大连服装节等；组织企业走进平湖莱织华，枫桥步森、开尔，温州商会等，并开展了对欧洲、泰国、中国香港等国家和地区的实地

图1-9 时任浙江省人民政府副省长叶荣宝对浙江省服装行业协会的成立表示热烈祝贺，并与浙江省服装行业协会第一届理事会理事长滕振华、副理事长李如成等合影

考察活动，帮助企业及时了解国内外市场信息拓展销售。

无独有偶，浙江省服装行业协会与温州服装商会都是 1994 年成立的。

如今回顾当年这段时光，温州服装商会第五、第六届会长郑晨爱颇为感慨地表示，浙江省市两级行业协会、商会组织的互动对地方产业的发展发挥了极大作用。对于温州服装企业发展而言，无论是 1996 年杭州国际服装博览会上的温州服装 12 条红巨幅亮眼红太阳广场，还是 1998 年全国服装行业工作会议齐集“雪山论剑”、百位温州服装企业家自驾接客迎送全国服装行业“大咖”传为业内佳话等，都离不开浙江省服装行业协会对地方服装产业的鼎力支持与相互协作发展。

1998 年，在第二届宁波国际服装节上，宁波市服装协会举行成立仪式。

这一届的宁波国际服装节无论是到场人员规模，还是交易金额都超过第一届，丰富多样的活动充分展现了宁波服装的国际性、文化性、地域性和先导性，其中由知名设计师和杉杉、太平鸟等企业及宁波服装学校等院校参与的“遥远的呼唤”服装展演，更是令人印象深刻，集中呈现了宁波服装的时尚群像。

如今回过头来看，在浙江省、市行业协会和商会的带动下，浙江服装在 20 世纪 90 年代迎来了产业发展的高光时刻。

而产业发展，人才先行。从浙江理工大学（原浙江丝绸工学院）、中国美术学院（原浙江美术学院）到杭州职业技术学院、浙江纺织服装职业技术学院、温州职业技术学院、嘉兴职业技术学院、绍兴文理学院等，这些专业院校为从传统向现代时尚转型的浙江服装产业发展输出了大量优秀人才，先后涌现了吴海燕、张义超、施杰、应翠剑等知名设计师，以及以蓝色倾情、浪漫一身等为代表的“学院派”杭州服装品牌，为浙江服装产业的多元发展注入活力。

正如浙江理工大学服装学院院长崔荣荣所言，二十世纪八九十年代，伴随着浙江服装业的快速发展，当地专业院校积极转型设立服装设计专业，大力培养服装专业人才，这不仅与浙江省服装产业转型相契合、与时尚产业升级趋势相契合，显著地提升了教育和产业的联动性，更为推动地方经济蓬勃快速发展提供了强有力的人才支撑。

3

第三节
奏响服装品牌强音

20世纪90年代到世纪之交，中国服装产业正处于高速发展的关键节点。

改革开放的春风在中国大地上吹了十来年后，中国改革开放和现代化建设进入新的阶段，迎来总体开放的格局。人民生活水平进一步提升，部分人走上先富道路后，服装质量观也从改革开放初期的实用、经济、美观，转向重视技术含量、艺术含量、时效含量和信誉含量。

越来越多的外国资本、外国品牌涌入中国市场，如同鲶鱼一般争夺国内服装企业生存空间。与此同时，他们也将先进的设备技术、管理思维、品牌理念与渠道模式带入中国。而市场化程度高、品牌意识觉醒较早的浙江服装产业，便靠着一边做外贸订单，一边打造自己的品牌，逐渐走到了市场前列。

1994年，浙江的服装产业在全国的排名已经稳居前列，成为全国服装产业的重要力量。1995年，由中国纺织总会评选的“中国服装工业八强企业”中，茉织华、杉杉、雅戈尔、雪豹和兽王5家企业榜上有名。1996年，在全国服装企业利税总额、产品销售总额“百强”“双百强”评选活动中，茉织华、杉杉、雅戈尔、万事利、一休、罗蒙、北天鹅、凯地、培罗成、步森等15家企业入选“百强”榜单，其中13家企业还入选了“双百强”榜单。

彼时，以茉织华、杉杉、雅戈尔、万事利、一休、培罗成、罗蒙、报喜鸟、庄吉等为代表的浙江服装企业、品牌，在企业升级、名牌打造、明星代言、设计升级、渠道营销等方面作出创新尝试，成功让浙江服装企业、品牌走出浙江、迈向全国。而在其中起到决定性作用的浙江服装企业家们，更是以他们敢为人先、勇于开拓、不怕吃苦的改革创新与奋斗拼搏精神，成为中国服装史上熠熠生辉的群像。

一、乘风破浪向“外”求索

分析“八五”“九五”时期闯出名头的浙江服装企业，可以看到其成功的关键，正是在于“向外求索”。这里的“外”，既是浙江之外的上海、香港，也是中国之外的其他发达国家；这里的“求”，既有资金、设备、技术，也有先进的管理思维与企业运营经验。

而在这个阶段闯出一片天地的浙江服装人身上，似乎都有着在 20 世纪 80 年代享誉一时的“改革斗士”——步鑫生的影子（图 1-10），如同他口号所喊的“人无我有，人有我创，人赶我转”那样，一步步锐意前行。

图1-10 “改革斗士”步鑫生

抓生产效率，推行“联产计酬制”，多劳多得，少劳少得，上不封顶，下不保底；抓产品质量，提出“谁砸我的牌子，我砸谁的晚饭”，工人如果做坏一件衬衫，得赔2件的钱；改革不合理的劳保和用工制度，对平时表现好的员工额外补助，对懒惰员工则毫不犹豫地辞退；变革营销方式，创立品牌花巨资打广告，设计厂歌、厂徽，统一厂服，优化厂区环境，以增强员工的主人翁意识等，这些如今看来稀松平常的举措，在那个摸着石头过河的年代搞企业改革，一切显得尤为不易。

但与此同时，改革的效果也是显著的：1982年，步鑫生带领的海盐衬衫厂年产衬衫已达130万件；1983年，企业总产值已达1028万元，光上缴国家的税款就有50万元。海盐衬衫总厂已然成为浙江省最大的专业衬衫厂。

后来创立了国内知名女装生产企业汉帛的高志伟，彼时还在浙江萧山花边总厂任职。虽是计划经济管理体制，但高志伟却勇于打破常规，推行效率管理模式。汉帛董事长张列军回忆道，当时员工只要完成工作任务后，就可以提前回家，并且按照“多劳多得、少劳少得”的原则分配奖金，这极大地提升了员工的工作积极性。

这一时期，在平湖，步鑫生的同乡李勤夫借着改革开放招商引资的“春风”，果断地与日本商人合资成立浙江茉织华制衣有限公司，专业生产出口日本的各类服装。为了确保产品质量，李勤夫不惜投入大量资金引进国际先进设备和技术，同时定期选派优秀员工到日本培训，学习先进工艺、操作技术和企业管理，全面提高职工的质量观念和业务技术素质，并借鉴日本财务管理经验，在保证产品质量的前提下，降低生产成本、提升企业效益。仅用了短短四年，茉织华就发展成为中国服装业巨头，企业产值、利税和创汇额连年位居全国服装企业首位，成为外商投资企业的成功“标杆”。

在李勤夫带领茉织华乘风破浪的同时，沈爱琴也带领万事利开启了“三次创业”不断攀登的征程。早在 20 世纪 80 年代中期，沈爱琴就率领职工开展了“第一次创业”，20 世纪 90 年代初期，她将企业发展、技术进步的立足点放在上规模、上水平、大投入、高起点上，开启了万事利的“第二次创业”阶段。

1990 年至 1995 年，她先后多次从日本、德国、瑞士、意大利、韩国引进先进的生产设备，成为企业提质提效增产、赢得市场竞争力的关键。1996 年，她又开展了以实施名牌战略为主的“第三次创业”，一次次将企业带向更高的高度。

从 1994 年起，万事利的销售额和利润就以年均 40% 的速度递增，1996 年销售额达到 8 亿多元，实现利润 7500 多万元，经济效益连续 3 年名列全省前茅。

作为有着 30 多年党龄的全国劳动模范，沈爱琴身上有着锐意改革、励精图治的劲儿，从不沉湎于过往成绩，而是将之作为改革快车道上的新起点，她带领的万事利集团即使在国内外纺织业普遍滑坡的态势下，依旧创造出独领风骚的惊人业绩。

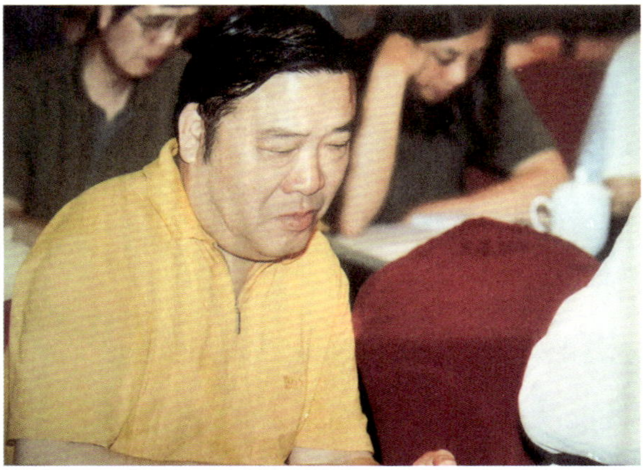

图1-11　20世纪90年代，“海外游子”曾旭光回到温州创立华士服装

这一时期，在时尚之都巴黎经营服装公司的“海外游子”曾旭光（图 1-11）毅然决然地回到祖籍温州成立华士服装（中国）有限公司，并分别从日本、德国、

美国、意大利等地引进了先进水平的 200 多台新型设备，组成了高规模、高档次且工艺新颖的三条西装生产作业流水线——华士也成为最早引进国外先进西服流水设备与技术管理理念的温州西服企业之一。

1995 年，华士便创下了 6000 万元的年产值，1996 年产值达到 7000 万元，先后被评为温州名牌产品、浙江省六大名牌产品，被国家服装质量监督检验中心评为优等品。

1999 年，华士更是联合其他四家温州男服企业夏梦、乔顿、奥利士、仕登抵达法国巴黎，在“1999 年巴黎·中国文化周”向世界展现了中华服饰文化与温州男服品牌的风采，也成功赢得了法国顶级西服品牌的高度认可与青睐。

彼时的培罗成，开始被誉为“红帮传人”“新宁波帮”的代表。培罗成的成功可以说离不开上海西服特级大师陆成法的指导与帮助。“红帮裁缝”的传统是中国西服发展的天然基石，培罗成创始人史利英认准了这一点，“三顾茅庐”去上海拜访陆成法，用诚心和乡情打动了陆成法，将其请到工厂做技术指导，由此成就了陆成法与培罗成之间的多段佳话。

进入 20 世纪 90 年代，面对与杉杉、雅戈尔等同在浙江的几大知名西服品牌竞争的挑战，从日本留学归国、“子承母业”出任培罗成总经理的陆宏国选择了一条差异化发展道路，就是做职业装。

彼时，国内职业装市场还不成熟，陆宏国坚持以“红帮裁缝”做西服的专业服务精神，认真做好每一件职业装。很快，培罗成生产的职业装获得市场的广泛认可，并因此成功拿下中国远洋集团 8 万多名员工职业装的订单，开启了企业飞速发展的新阶段。

二、名牌战略成行业发展共识

1992 年，我国内地纺织品、服装出口就已居于世界第二的位置（仅次于中国香港），出口额占全球出口额的 10%，不过却因走低价路线令企业利润较低，而国内市场更是面临“洋品牌”入侵挤占市场生存空间的危机局面。越来越多的中国服装企业认识到，只有打造中国自己的服装品牌，才能成功应对海内外市场的竞争与挑战，实施名牌战略已经成为行业共识。

郑永刚原是一家“代人作嫁衣”的小厂厂长，早在 1989 年他就率先提出“创名牌”的战略，喊出“只有拥有自己的名牌，企业才有生命力”的口号。有眼光、有魄力的他不仅做出了“外贸转内销”的决定，还敢于在工厂背负巨额债务的“生死存亡”之际，借款 3 万元在央视打广告。

正是凭借央视广告中那句“杉杉牌西服，不要太潇洒”的广告词，杉杉品牌一炮而红，前来拿货的客户挤满了厂区，原先只能一套卖二百多元的西服，变成四五百元也有人抢着买（图 1-12）。

图1-12　在当时，“杉杉牌西服，不要太潇洒”是大众耳熟能详的广告语

随后，从提出无形资产、导入 CI 策划，到实行“名牌、名企、名师”三联合的战略，再到推出设计品牌“法涵诗”、联合意大利时装大腕推出高档时装品牌“杉杉麦斯奇来”、童装品牌“小杉哥”，走多品牌战略路线……敢于人先的郑永刚可谓步步快人一步。

1993 年至 1999 年，杉杉西服连续 7 年在同类产品评选中名列第一。1996 年，杉杉也成为第一个中国服装企业上市公司。到 1999 年 5 月，杉杉集团总资产已达到 25 亿元。

就在郑永刚提出“创名牌”战略的时候，张江平选择从服装厂离开，走上创业之路。他和弟弟一起拿着借来的 2 万元创办了第一家服装工厂，生产来自国内外的服装订单。此时，向来有远见的张江平已开始思考加工型企业的未来。很快，他就从已经发展得如日中天的杉杉、雅戈尔、罗蒙身上看到了机会点：要走品牌路线，更要“错位竞争”，打造与他们不一样定位的品牌。

1996 年，张江平与创业伙伴们注册了休闲男装品牌“太平鸟”。而品牌的这一差异化定位，也奠定了太平鸟的发展基石。在 1998 年亚洲金融危机背景下，早早发现先机的张江平开始实施轻资产运营模式，从劳动密集型的传统行业转入集约型的时尚创意行业，以时尚创意设计进一步抓住年轻男性目标群体，也为后来太平鸟启动女装产品线、进入女装市场奠定了品牌影响力基础。

就在很多品牌开始经历“成长的烦恼”的时候，彭星创立了法派。法派在短短三年内迅速崛起，2000 年企业销售额便超 4 亿元，可谓是跳跃式发展。法派从发展之初便锚定“国际化”——品牌国际化、宣传国际化、产品设计与开发国际化、营销国际化、生产和管理国际化。这一前瞻视野就来自彭星。在彭星身上，温州人“敢想敢做”的精神可谓体现得淋漓尽致。在当年拿到日本伊藤忠订单，但因需要投入大笔资金引进生产线，并可能承担因工艺不熟练导致产品被退货的风险时，法派内部不少人提出疑议，彭星却为了能够借机完善企业工艺流程、生产管理，硬是顶着亏损一年的压力继续生产。

事实也证明彭星的选择是对的，这笔宝贵的经验财富在未来成为法派走向成功的关键。

三、明星代言树立品牌形象

1990 年，明星的国民认知度、好感度与话题度背后所蕴藏的潜在价值，引发了市场越来越高的关注。对此，在选择明星代言宣传品牌、树立品牌形象上，浙江服装企业又一次走在了中国服装行业前列。2024 年，火遍全网的电视剧《繁花》里，浙江“范总”带着三羊牌来上海闯荡，直到费翔用《冬天里的一把火》唱出中国人自己的名牌才获得认可的剧情，犹如当年雅戈尔的写照。

1990 年的 8 月，因“北仑港”衬衫品牌一战成名而越发意识到品牌重要性的宁波青春服装厂厂长李如成，果断选择做出改变，与澳门南光重新组建了新公司并推出新品牌“雅戈尔”。通过引进国际先进技术与设备，例如与意大利切维斯公司签约合作（图 1–13），改进西服技术提升产品质量；融合传统“红帮”工艺精髓，创新开发并

图1–13　1994年，雅戈尔与意大利切维斯公司签约达成西服技术合作

生产精品衬衫；削减产量营造“雅戈尔衬衫需托关系买”的紧俏局面，树立“雅戈尔”名牌形象等系列举措，雅戈尔很快赢得了市场青睐，在 1994—1995 年蝉联“中国十大名牌衬衫第一名”，连续三年销量雄居全国之首。

1998 年，为进一步提升品牌知名度，雅戈尔选择了当时的“顶流”费翔作为品牌的第一代代言人，一签约就是 10 年。凭借费翔出席活动带来的热度，当时在上海知名度还不高的雅戈尔收到了各大商场抛出的橄榄枝，其位于上海新世界百货的专厅由原来 50 平方米扩大到 200 平方米，第一百货也把雅戈尔的店面调整到更好的位置，还有许多没有进驻过的商场纷纷来寻求合作，快速让雅戈尔打开了上海市场。也是在这一年，雅戈尔成功在上交所挂牌上市，成为又一家上市的浙江服装企业。

就在雅戈尔牵手费翔的前两年，罗蒙选择聘请一身正气、事业正蒸蒸日上的濮存昕作为品牌形象代言人。罗蒙创立于 1978 年，在用红帮精工细作手艺赋予罗蒙西装品质与个性的同时，也是一家非常注重培养品牌文化底蕴的企业。自从形象代言人工程运作以来，罗蒙的利润同比增长了 50%，当年西服销量达到 20 万套，销售业绩达到 5000 万元，品牌知名度和美誉度也得到了快速提升。再结合聘请欧洲著名设计师、日本服装专家分别为公司研发产品和生产现场管理等其他举措，罗蒙组成了“名师 + 名人 + 名牌”的品牌发展战略。

1994 年，罗蒙西服摘取首届“中国十大名牌西服”桂冠；1996 年，罗蒙被列入“八五”期间全国重点服装名牌产品；1999 年，罗蒙被评为市场畅销品牌，并荣获第二届中国时装文化奖；2000 年，在第八届中国国际服装服饰博览会上，罗蒙又被推荐为

2000 年中国服装市场成长最快的十大品牌之一。

同是 2000 年 3 月，法派“千禧风云”发布会引发了多家媒体记者和无数影视歌迷的关注，法派选择的两位代言人梁家辉和张柏芝亮相发布会，正式拉开了法派品牌营销的序幕。随着“法派情人”广告片于 2000 年 10 月在央视各套及各地方电视台播放，很快在市场引起轰动效应，法派经典、时尚、具有亲和力的国际化品牌氛围得以迅速加强，产品销量也急剧攀升。

也是在这一年，“疯狂”的彭星在年初考察欧洲时获知克林顿卸任后可能从事影视业，立马作出了邀请克林顿担任法派服饰形象代言人的决定。尽管因为种种原因，数年后法派邀请克林顿代言的事情终被搁置，但克林顿两次会见彭星所引起的轰动效应，也让彭星和他的法派成功进入了全球人的视野。

四、联姻名师提升企业实力

1997 年，中国服装协会的工作报告中正式提出著名的“三名（名企、名师、名牌）工程”。1997 年 12 月 5 日，随着首届中国服装设计博览会的举办，首个服装设计师排行榜诞生。博览会期间，杉杉集团携手首届金顶奖设计师张肇达、中国首届十佳服装设计师王新元，杭州梦耐制衣有限公司携手中国十佳时装设计师赵伟国等现场举办签约仪式。这些现象的出现，成为中国服装行业进入设计师时代的标志。

不过，浙江服装企业对设计力量的探索可以追溯到更早之前。郑永刚早就提出过“设计是灵魂”的观点，并以此为指导，从 1996 年 10 月 31 日起，杉杉集团连续一周在 20 余家媒体同时刊发“斥巨资举国招贤士，展宏图金榜待题名”的广告，宣布斥巨资 1000 万元建立“杉杉服装设计总部”，招聘中国最优秀的服装设计师。

后来，杉杉集团又在 20 余家媒体上公布王新元、张肇达加盟杉杉集团，分别担任旗下法涵诗品牌总设计师和首席设计师，实施名师与名牌的强强联合。1997 年 4 月 11 日，“走进东方 · 法涵诗 1997—1998 年秋冬时装发布会”上，由王新元、张肇达打造的法涵诗品牌新系列产品惊艳亮相。随后的一年，在京、沪、甬三地六场的大型时装发布会的形象推广和市场运作下，法涵诗品牌声誉日响，“名企 + 名师”联姻的优势也得到了进一步的彰显。

时间再往前追溯，更早的 1995 年，已经先后荣获“全国首届服装设计绘画艺术大赛一等奖”“中国国际青年服装设计师大赛金奖”的吴海燕，接下了杭州凯地丝绸集团抛出的“橄榄枝”，出任总设计师一职，并在此后登上首届中国国际时装周的舞台，发布“进化”主题时装秀（图 1-14）。

事实上，正是吴海燕的加入，让此前不生产成衣、只出口面

图1-14 1997年，首届中国国际时装周上，吴海燕发布“进化”主题时装秀

料的凯地丝绸，推出了凯地牌丝绸时装。她从印染花色开始将传统丝绸提高到新的档次，以设计赋予丝绸服装以柔软、舒适、飘逸的美感，兼具创意与实用。这也让凯地牌丝绸于短短数年间在全国开专卖店近百家，企业年销售额从 1000 万元逐年递增至 2800 万元、3800 万元等，一时间成为时尚精品的代名词。

尽管后来服装行业出现了一波设计师与企业“离婚潮”，但身处发展转型关键期的服装企业想借助设计师的创意实现自身突破的决心并没有减弱，不一样的“师企”联姻、再嫁的故事不断发生，在为中国设计师提供成长沃土的同时，也让品牌先一步走上了“设计创新”的领先道路。

五、创新虚拟生产运营模式

站在当下，回望品牌的发展历程，创新企业运营模式是浙江服装企业品牌发展非常关键的因素之一。

进入 20 世纪 90 年代中后期，服装市场竞争日趋激烈。拥有敏锐市场洞察力的吴志泽，无论是着手将生产型企业转向经营型企业，还是在考察意大利服装公司听到老板说中国西服和意大利西服存在“50 年的差距”后，毅然决定联合报喜鸟制衣有限公司和奥斯特制衣有限公司于 1996 年共同组建报喜鸟服饰集团，都表现出了“不成功便成仁”的执着努力与过人的行动力。随后，从引进国际先进缝纫设备，到首开国内男装“先河”举办报喜鸟 1997 年男装流行趋势发布会，再到邀请著名影星任达华担任形象大使等一系列举措，也将他创新改革的冲劲表露无遗。

依托于温州妙果寺服装市场起步，从原先的小作坊凯丽沙制衣厂一步步成长发展起来的美特斯邦威有限公司，凭借着敢闯敢拼先后推出“公开成本价销售法”、制作巨型风衣得到央视“东方时空”青睐并被收入上海“吉尼斯世界纪录大全”、赞助温州市冬泳队、买断双层公交客车广告等一系列组合拳，很快在业内打响了美特斯邦威品牌之名，其创始人周成建也赢得了“风衣大王”的美誉。

但相对于美特斯邦威在市场开拓方面的异军突起，其产能不足无疑是一大掣肘。为此，美特斯邦威在当时大胆采用生产外包加工的方式，先后与广东、江苏等地的 10 余家设备先进、管理规范的服装企业建立长期合作，为其生产供应休闲服饰，年生产量可达 300 多万件。

在当时，该模式被认为是企业发展壮大、转型升级的重要途径，它突破了企业人才、技术、资金等方面的制约，也节省了生产资本的投入，有助于企业品牌、销售等功能的强化，从而有效提升其市场竞争力，促进企业转型升级。

这一巧借外力为己所用的虚拟生产运营模式，令美特斯邦威在优化企业生产与投资的同时，可以把企业人力、物力、财力等资源全部投入品牌发展的核心业务上，并通过采取专卖连锁运营模式集合了 100 多万温州人在全国各地做生意的优势，以特许连锁经营吸引他们加盟，实现了企业资金不足情况下销售网络依然能快速铺向全国的目的。

此后，在美特斯邦威的影响下，部分服装企业先后开始探索、推行虚拟运营模式。“企业打破传统把短板外包，将物流、财务、品牌中心等设在总部，将生产的事交给分布在珠三角、长三角地区的加工企业来做，令森马不用建生产厂房，专心致力于品牌的设计和推广，将钱用在刀刃上。这是森马能迅速崛起的最重要的核心因素。”森马创始人邱光和如是说。

这个决定了企业发展方向的战略决策来自 1998 年的森马品牌战略推广研讨会。邱光和回忆说，就是通过这个会议对企业经营从实践到理论进行了全面的探讨，制定了企业发展的战略规划，坚定地迈出了虚拟经营的步伐。正是在其多年的坚持中，森马收获了“驰名商标”，收获了“中国名牌”，更收获了企业的快速成长。

从 20 世纪 90 年代初迈向世纪之交的这一时期，浙江服装企业及企业家更为清晰地感受到了中国服装在国际市场上的“弱势”，感受到了成熟品牌、成功品牌能够赋予企业及服装产品的价值。

这让他们更加居安思危地明白，无论是为了打造一个生产品牌，还是为了缔造一个闻名遐迩的市场品牌，都需要从多个维度出发，全方位提升企业的经营理念、管理模式、产品质量、服务水平与品牌营销推广水平。浙江服装企业、品牌以及杰出服装人交出了这份“十年”试卷，而历史也已经给出了一个最为亮眼的成绩。

4

第四节
由大省向强省迈进的思考

过去，通过融入全球分工体系，走“引进”和“跟随”战略，可以实现浙江服装产业之大。但随着世纪之交的逐渐临近，浙江服装产业走出关键一步，集中力量补齐短板，不断提升产业基础能力、发展水平和综合实力。

1997 年，在浙江省服装行业协会第二届会员代表大会上，浙江省在全国率先提出服装行业大省向强省迈进。由“大省”到“强省”，一字之差，体现出的是浙江省服装行业即将迈入世纪之交新征程的决心。

“大”是指浙江省服装行业中的生产企业多、产品数量大，而生产经营的规模相对小、高新技术的附加值较低以及名牌企业和产品较少。

“强”却意味着浙江省服装行业中，大规模生产经营的企业集团要更多，产品的质量要更高、更精，高新技术的附加值要更高，名牌企业和产品更多。可见，由“大省”转变成“强省”，浙江省服装产业要完成由量变到质变的飞跃。

深入贯彻党的十五大报告，其中提出“把我们的事业全面推向二十一世纪，就是要抓住机遇而不可丧失机遇，开拓进取而不可因循守旧”精神，时任浙江省服装行业协会理事长的冯德虎代表协会做报告时指出：“抓住机遇，锐意进取，为把浙江省的服装行业由大省转变为强省而努力奋斗。（图 1-15）”

图1-15　时任浙江省服装行业协会理事长冯德虎

此时的浙江省服装产业刚刚经历了企业产品结构、资产结构、市场结构战略大调整，真正确立起浙江省作为全国服装大省的地位。日新月异的发展速度，令全国同行刮目相看，并已经初步形成了浙江服装产业整体实力增强、知名度日益提高、服装集团多、先进设备多、技术进步快等特有的优势。

这是浙江省广大服装企业家发扬“浙商精神”，解放思想、大胆探索、敢于拼搏、艰苦创业的结果；这也是历届党和国家领导人、省委、省政府高度重视浙江服装产业发展的结果；同时还是浙江省、市服装协（商）会，正确引导、积极扶持和热忱服务的结果。

然而，浙江服装行业距离“强省”目标还有多远？有多少个关键点需要突破？如何在“入世”后更强的竞争中取得优势地位？

这是在世纪之交，全行业都在思考的问题，浙江服装企业也开始在探索与实践中寻找答案……

第二章

潮流激荡——呐喊与突破（2001—2010 年）

THE PERIOD OF GREAT DEVELOPMENT

加入世贸组织、申奥成功、男足出线，一连串的大喜事都挤到 2001 年，一种“大起”的感觉赫然出现。随着“2001 是中国年”的说法不胫而走，中国服装产业开启了发展最快的十年。经历了经济全球化、国际贸易摩擦、人民币升值、金融危机等重重迷雾之后，浙江的服装企业和品牌在国际市场上风生水起。浙江省服装行业协会在这一时期深深向下扎根，精耕细作、摇旗呐喊，提升产业集群影响力，推动名牌发展战略，助力企业拓展市场、扩大交流，为浙江服装行业的繁荣注入鲜活滚烫的动力与活力。

1

第一节
迈向一个新的世纪

2001 年，我国正式成为 WTO（世界贸易组织，以下简称“世贸组织”）的第 143 个成员国。

2001 年 11 月 10 日下午，世贸组织第四届部长级会议上审议并通过了中国加入世贸组织的决定。一个月后，中国正式加入世贸组织，时任世贸组织总干事迈克·穆尔对新华社记者说，“宣布中国加入世贸组织，是我一生最荣耀的时刻”。

从这一刻开始，预言中国的未来成为全球经济圈最热门的话题。有经济学家认为，中国企业会像 20 世纪 80 年代的日本企业一样，开启征服全球的旅程。

一、披荆斩棘铸就产业强基

加入世贸组织后，纺织品服装出口因取消配额限制和获得最惠国待遇而拥有更大的国际竞争空间。2001 年全国服装行业“百强企业”中，浙江销售收入“百强企业”占 33 家，利润总额“百强企业”占 40 家，浙江已成为全国服装行业“百强企业”最多的省份。

《中国经营报》在当时的一篇报道中曾写道：“中国制造是 2002 年的某一夜冒出来的新名词，或者说它是一个老词，但在

2002 年被一下子激活，并赋予了新意：在世界经济发展萎靡不振的前提下，中国经济欣欣向荣，由于全球经济一体化和比较优势等多种原因，世界越来越感到了中国的存在和力量。”也是在这一年，有一个真实现象作为“笑谈”开始流传：人们去世界各地旅游买回来的纪念品或时髦商品，回到家里一看都是“Made in China”。

新话题、新机遇、新市场、新增长，都来了。美国贸易委员会曾在对世界主要纺织品服装供应国的调查结论中如此描述，中国企业能以低廉价格提供任何品种、任何质量的纺织服装产品，成为美国进口商、零售商的首选国。

我们曾经形容国际品牌大举进入中国市场是“狼来了”，现在回想，这一时期的中国服装企业何尝不是燃烧着熊熊战力的“狼群”，杀入国际市场。他们有积极向上的态度和强烈的进取心，他们更具备推动变革的勇气和决心，精神和行动知行合一，成为中国服装产业成功的关键。

2002 年底，中国纺织工业协会确定了第一批包括若干服装产业集群在内的纺织产业集群试点地区，由此开启了中国服装产业集群大放异彩的新时期。

浙江区域品牌的形象在这一时期格外鲜亮。杭州女装巧妙地以市场的有形之手和市场的无形之手结合，以造势来成市，“杭州女装万里行”开创了区域服装品牌的独特蓝本。宁波高喊打造“服装名城”口号，宁波服装节叫好叫座，收获了无可比拟的行业专注度和产业影响力，从此踏上建设世界性服装生产基地之路。温州服装则祭出“穿在温州”的大旗，雄霸中国服装服饰博览会（CHIC）这样的行业高地，振臂一呼，应者云集……杭州女装，宁波西服、衬衣，温州西服、休闲装，织里童装，平湖出口加工，嵊州领带等，这些区域产业集群几乎都与相关专业性市场相互依托，不同的产业集群通过遍布全省的专业市场网络形成更大区域范围的产业链，使浙江发展成为全国的纺织服装“生产大省”和“市场大省”。

2005 年，“十一五”规划提出“形成一批拥有自主知识产权和知名品牌、国际竞争力较强的优势企业”，这份文件首次将品牌与自主创新联系起来，意识到自主创新是中国品牌的灵魂，标志着我国政府对品牌认识的进一步成熟和深化。2006 年，政府工作报告则鲜明地指出“大力实施品牌战略，鼓励开发具有自主知识产权的知名品牌”，这是我国首次在政府工作报告中提出“品牌战略”，具有标志性意义。

在政府支持引导及企业自身发展需求的驱动下，自主品牌建设成为企业经营的一个重要着力点。这一时期的浙江服装企业已经具备了一定的产品和品牌实践基础。

2001 年 10 月，总投资近 8 亿元的雅戈尔国际服装城竣工，被誉为全国最大的服装生产基地，其年产 3000 万件服装的规模也由此开启了雅戈尔的垂直产业链模式。杉杉则反其道而行，毅然砍掉了 35 个分公司，孵化全新的特许加盟模式，“多品牌国际化”蓝图也徐徐打开。到 2005 年底，杉杉旗下 8 个国际品牌总销售已超过全盛时期的杉杉，并全部实现盈利。杉杉旗下原创自主品牌基本度过艰难培育期，全面开花。

2003 年 11 月，缘于法派曾邀请克林顿任企业形象大使一事，克林顿访华之时邀请法派总裁彭星共进午餐，并欣然接受了彭星赠予的带有象征意义的特殊礼物：法派全套经典西装革履（图 2-1）。法派以“注意力经济”勇闯国际化道路，力创国际服饰强势品牌。2003 年 3 月，经过 3 年磨合，签署 680 页合作协议框架后，夏梦与杰尼亚正式签约合资组建中意合资夏梦·意杰中国有限公司（图 2-2），国际服装巨擘注资收购国内服装公司的股份，这在国内史无前例，被称为行业发展的“示范教材”。

图2-1 克林顿与法派总裁彭星握手合影

图2-2 夏梦与杰尼亚的联姻一直为业界所津津乐道

在大品牌的带动下，这一时期的浙江服装企业呈现服装品牌、设计理念、生产工艺、技术设备、经营模式、风投资本等多元发展特征。

品牌战略是企业在日趋激烈的竞争环境中谋求可持续发展的战略抉择之一。浙江省服装行业协会会长冯德虎也曾表示，在这一时期，浙江省服装行业协会始终把引导和推动会员企业增强品牌意识，提高产品质量，培育自主品牌，争创名牌产品等作为长期坚持的中心工作。当时，协会方面还制订了《浙江省服装行业实施品牌发展战略工作计划》，并向中国名牌战略推进委员会提出了“十一五”期间重点培育的服装类中国名牌产品目录的建议。

企业积极参与中国名牌产品、中国驰名商标和“中国服装品牌年度大奖”及全国服装行业百强企业评选。“通过全行业的共同努力，使浙江服装行业实施品牌战略又跨上了一个新的台阶，为推进浙江服装业原创品牌的培育发展和产业的转型升级起到了应有的推动作用。”冯德虎如是说。

这一时期，浙江省童装市场高速发展，成为彼时服装行业亮眼的新增长点，涌现了红黄蓝、今童王、金少爷、巴拉巴拉等一批浙江名牌产品和浙江省著名商标，为浙江服装行业注入了一股重要力量。2005 年，浙江省服装行业协会在杭州召开童装分会成立大会（图 2-3）。在童装分会的统一规划与领导下，浙江童装企业大力开展产品自主设计与研发，以“苦练内功”的方式增加产品与企业的附加值。随着产品质量的提高，童装企业的品牌建设也取得了积极的成效，童装行业已有 3000 余件注册商标。2005 年 12 月，红黄蓝集团旗下的“红黄蓝”和“金少爷”还获得了国内首批童装“国家免检产品”。第一届童装分会会长、红黄蓝创始人叶显东表示，产业变革升级已将童装带入了产业化发展轨道。浙江的童装业已到了转型升级和创建品牌大省的关键时期，新的产业格局正在形成。

图2-3　浙江省服装行业协会童装分会成立

2005 年全球纺织品配额取消后，我国在享受全球纺织品贸易一体化好处之时，也遭遇到了空前的贸易寒流。美欧对我国部分纺织品服装重新设限，部分发展中国家也对我国纺织品频频发起特保和反倾销调查，贸易环境的恶化和各种不确定因素，为我国纺织服装出口企业的经营带来了极大的困难和风险。

尽管如此，我国纺织品服装出口依然稳步向前挺进。2005 年，我国纺织品服装出口增长高达 21%，而且是连续三年保持在 20% 以上的增幅。其中，浙江服装出口 29.91 亿件，同比增长 13.34 %，高于全国服装出口增幅 5.24 个百分点；完成出口总额 133.2 亿美元，同比增长 23.75 %，高于全国服装出口总额增幅 3.89 个百分点，显示出浙江服装产业在出口市场的勃勃生机。

2006 年，中国纺织工业联合会发布《中国纺织工业“十一五”发展纲要》，明确了“十一五”期间纺织工业发展方向和重点，促进我国纺织工业从纺织大国向纺织强国转变。挑战与机遇同在，那么浙江服装产业应如何在新一轮调整期抓住机遇，重塑产业形态与结构?

“十一五”期间，随着增强自主创新能力、建设创新型国家战略的实施，浙江服装行业积极响应省委、省政府《关于推进“品牌大省”建设的若干意见》的战略要求，全行业品牌建设迈上新台阶。2006 年，浙江服装（含服饰类）行业新增浙江名牌产品 21 个，浙江省著名商标 21 件；中国名牌产品 3 个，中国驰名商标 5 件。截至 2006 年底，全行业累计拥有浙江名牌产品 108 个，浙江省著名商标 124 件；中国名牌产品 35 个，中国驰名商标 18 件。

转变增长方式、实现服装行业又好又快的发展，是“十一五”期间浙江省服装行业的一项重要战略任务。世界服装业发展的重心正加快向知识密集型产业转移，不转变增长方式就会落后于国际服装经济大潮。对传统优势进行重构和提升，加快由创业型向创新型、制造型向服务型、产品型向品牌型、加工贸易型向国际经营型转变成为浙江服装产业在新时期新阶段的选择。

经过金融危机的洗礼，浙江省服装行业在出口的产品结构、贸易结构、市场结构等方面发生了积极的变化，尤其是自主品牌出口量得到了快速提升。根据海关统计，2010 年浙江省服装出口数量达到 43.79 亿件，同比增长 15.03%；服装及衣着附件出口总额 248.98 亿美元，同比增长 20.06%。2010 年浙江省服装出口数量占全国服装出口总产量的 14.82%，出口金额占全国服装出口金额的 18.46%，在我国服装出口前五位省市中名列前茅。

二、一路繁花收获全域布局

进入风高浪急的全球一体化竞争中，“浙江制造”巨轮持久抗压、韧性前行，于“方寸之间”谋“广阔天地”。

在“十五”“十一五”期间，行业创新能力的提升起到了重要的推动作用。浙江服装企业积极引进国内外先进的技术和设备，加强与高校、科研机构的合作，不断提升自主创新能力。同时，浙江省政府也加大对服装产业创新的支持力度，出台一系列扶持政策，为服装企业提供了良好的创新环境。这些努力使得浙江省服装企业在设计、材料、工艺等方面取得了突破，推动整个行业的发展。

在品牌建设方面，浙江服装行业也取得了显著的成效。例如，杉杉、雅戈尔、罗蒙等品牌已经成为国内乃至国际服装市场的知名品牌。这些品牌的崛起不仅提升了浙江服装行业的整体形象，也为浙江服装企业带来了更多的市场份额和利润。

同一时期，浙江的产业集群效应也越发显著。以杭州、宁波、温州等城市为中心的服装生产基地，不仅拥有众多知名服装品牌，还吸引了大量国内外设计师和时尚人才，进一步提升了产业的创新能力和竞争力。同时经过10年跨越式发展，浙江已形成了完善的服装全产业链格局。海宁皮革、织里童装、萧山化纤、兰溪棉纺、桐乡毛衫、萧山羽绒、杭嘉湖丝绸、柯桥印染、象山针织、瓯海休闲服、海曙男装、临平家纺、海宁经编、天台滤布等产业集群，均在行业内有一席之地。包括服装、化纤、面料、家纺、针织、丝绸、棉纺、纺机、产业用纺织品等纺织服装产业集群的跃升发展为浙江服装行业腾飞打下坚实基础，并且这十年的发展中，浙江服装企业积极拓展国际市场，通过参加国际时装展、建立海外分支机构等方式，不断提升品牌的国际知名度，提升产品的品质和附加值。这些努力使浙江服装企业在国际市场上的份额不断提升，成为中国服装产业的重要出口基地。

在以“信息化带动工业化”的精神指导下，浙江服装行业在技术创新和企业信息化建设方面有了长足进步，不仅政府与相关单位共同出资建设行业性、区域性技术创新服务平台外，也有许多服装企业开始建立企业研发中心，加大了对新技术、新工艺、新材料、新功能的研究。ERP系统的推广应用，为“质量、创新和快速反应”的实现创造了条件。

在“变”中开拓创新，在“不变”中做强主业，浙江服装企业在坚守中闯出了一片天地，推动浙江服装产业由“大”向“强”。时任浙江省服装行业协会副会长兼秘书长韩礼成说：“2009年，浙江规模以上服装企业的服装产量在全国名列前茅，出口额也居全国前列，在 2009 年的全国服装行业百强企业中，浙江共有 38、36、35 家企业分别进入产品销售收入、利润总额、销售利润率百强企业。从这些数据我们可以看出，浙江服装业继续领先于全国其他省市。”

2010 年，浙江服装企业积极应对原材料价格疯涨、人民币升值、银行 6 次调高存款准备金率、劳动力短缺、用工成本上升等一系列挑战，在逆境中寻求发展，行业生产经营取得了较好业绩。2010 年，全省规模以上服装企业产量达到 48.80 亿件，同比增长 13.29%，增幅高于 2009 年 12.71 个百分点（表 2-1）；浙江服装产量占全国服装产量的比重达到 17.11%，继续保持全国前列的位置（表 2-2）。

十年奋进，为了让行业在入世之后依然保有优势和竞争力，浙江省服装行业协会坚持开展对宏观经济形势和行业发展状况进行定期分析和报告制度，坚持在每年召开理事会的同时召开全省服装行业工作会议，举办“浙江服装论坛”，共同探讨行业发展趋势和对策。

在工作中，浙江省服装行业协会不断引导和推动会员企业进一步增强品牌意识，加强内部管理，狠抓产品质量，争创名牌产品。同时，浙江省服装行业协会积极组织和推荐会员企业申报中国驰名商标、中国名牌产品目录、中国服装名牌产品、国家免检产品、浙江名牌产品、浙江省著名商标、出口名牌产品等。

为做好信息化服务，浙江省服装行业协会在发行的《浙江服装》信息内部刊物的基础上，建立并开通了“中国服装产业网”，并牵头完成了浙江省服装行业公共技术服务平台项目，助力行业企业降本增效。同时，浙江省服装行业协会积极搭建服装上下游

表 2-1 2010 年浙江省规模以上服装行业产品产量（据产量排序）

地区	2010 年产量（万件）	同比增长（%）	占全省比重（%）	比 2009 年增幅（百分点）
浙江省	487956	13.29	100	12.71
宁波市	155067	7.66	31.78	18.62
金华市	70724	19.22	14.49	-11.03
绍兴市	68282	12.23	13.99	7.06
嘉兴市	66533	8.16	13.64	0.00
杭州市	60622	22.48	12.42	28.96
温州市	39100	37.76	8.01	38.44
湖州市	17886	11.19	3.67	1.54
丽水市	3861	147.58	0.79	129.33
台州市	3067	-55.69	0.63	-51.94
衢州市	2220	17.11	0.45	17.29
舟山市	596	-8.46	0.12	-16.34

表 2-2 2010 年全国和前 5 位省市服装产量对照表（据国家统计局数据）

地区	服装			梭织服装			针织服装		
	产量（万件）	同比（%）	比重（%）	产量（万件）	同比（%）	比重（%）	产量（万件）	同比（%）	比重（%）
全国	2852267	18.60	100	1210572	18.90	100	1641695	18.38	100
广东省	702623	20.38	24.63	261928	22.08	21.64	440695	19.39	26.84
浙江省	487956	13.29	17.11	209266	14.10	17.29	278690	12.70	16.98
江苏省	422014	12.13	14.80	250749	9.89	20.71	171265	15.58	10.43
山东省	352811	21.69	12.37	85650	20.32	7.08	267160	22.13	16.27
福建省	292249	21.41	10.25	118405	25.61	9.78	173844	18.71	10.59

产业和企业之间的信息交流和贸易洽谈平台，先后主办了“浙江品牌服装服饰交易会”“浙江省面辅料展览会”“浙江省制衣设备展览会”，参与了“杭州国际女装展”“宁波国际服装博览会”等相关活动。

自 2005 年，浙江省服装行业协会连续五年被原浙江省经贸委评为全省经贸领域“先进协会”，2006 年被国家人事部和中国纺织工业协会评为全国纺织工业“先进集体”。

2

第二节
振臂高呼的闪耀时刻

一、“开创先河”的产业大调研

调研组来啦!

这是站在世纪之交，产业发出的第一次高呼!

2001 年 11 月的中旬，浙江还未入冬，忽高忽低的气温正在挑战每个人的耐心。此时的浙江服装产业，正处于振臂高呼、火热繁荣地再冲刺阶段。然而，在这繁华景象的背后，却时而透露出对未来不确定性的隐忧。敏锐的企业家们早已嗅到了机遇，入世带来的无垠市场如同诱人的宝藏即将揭开面纱，与此同时，也有人在猜测着即将到来的、未知的、全新的竞争格局。

在激动与忐忑的矛盾中兴奋着，是当时很多行业人士的状态。就在此时，中国纺织工业协会正式接受浙江省政府委托，就浙江省纺织工业提高竞争力问题，开始进行全面的调查研究。一场“及时雨”，倾注而至。

彼时，经过改革开放 20 多年的快速发展，浙江已经成为我国纺织工业的生产大省和出口大省，纺织已经成为浙江经济的支柱性产业。浙江纺织工业规模以上企业生产占全国规模以上纺织企业的 18.5%，占浙江全省规模以上工业的 26.82%，出口创汇额占全国纺织工业的 16.4%，占浙江全省出口额的 37.6%。

面对加入 WTO 的机遇和挑战，浙江迫切需要从更深入的考察、更广阔的视野、更深层的解剖和更长远的发展目标来分析与规划。能否依靠提高竞争力实现新一轮发展而更有作为，这不仅事关浙江经济发展，而且也事关全国纺织工业发展的大局。

这一次产业大调研，无论是在深度上还是广度上，乃至团队配置方面，皆开创了产业之先河。

中国纺织工业协会把对浙江省纺织工业的咨询服务作为阶段性中心工作及开拓协会业务的试点，高度重视。专门成立领导小组，由原中国纺织工业协会会长杜钰洲、原中国纺织工业协会副会长许坤元分别担任正、副组长，下设办公室，组织了涵盖 12 个产业性协会和 10 多个协会直属单位的负责人、专家、教授及管理人员共 50 余人，集中精力与时间，全力以赴投入调研工作。

1. 指出根本问题

图2-4 浙江省纺织工业竞争力研究报告

调研报告（图 2-4）中指出，在此阶段，浙江省纺织服装产品的竞争力主要依赖于低成本优势。当时，对中国纺织品服装价格竞争力产生影响的主要有以下三个因素：原材料、制造成本、期间费用。以上三个因素中，原材料因素在我国加入世贸组织后，可比性下降，期间费用在国内特别是相对于改革过程中的国有企业虽有可比性，但在加入世贸组织后，与国际比优势不大。唯一在加入世贸组织后能够保持比较优势的就是劳动力成本。

中国丰富的劳动力资源在相当长的时期给中国纺织工业带来重要的竞争优势。根据2001年浙江全省规模以上纺织用工测算，小时劳动工资为0.61美元，低于全国平均水平。浙江纺织工业之所以更具有劳动力低成本优势，与其用工相对较少和企业绝大多数建在乡镇以下地区等因素有关。在2000年后的若干年，即使浙江的城乡收入水平都有较大提高，由于具有可使用中西部劳动资源的有利条件，劳动力资源的低成本状况仍然可以保持较强的产品竞争优势。此外，浙江省教育、基础设施、市场经济环境和开放条件的长期政策，也都更有利于发挥劳动力资源优势。

然而，劳动力成本的优势不是孤立的、静止的，而是相对于某种产品同质劳动而存在的，并随着消费热点的转移及产品质量、创新能力的相对位差而改变。低成本优势和"提高质量、创新价值"是商品市场竞争力的两个方面。离开后者，前者的优势必然不断减弱。所以，产品质量和创新水平也将是影响浙江省纺织服装产品竞争力的最重要因素。

在21世纪初期，浙江服装产业的跨越式发展中，已经产生了具有国际国内较强竞争力的产品。2001年，浙江纺织服装出口创汇87.12亿美元，约占全行业的16.35%。同时，在国内市场著名品牌也比其他省份多。这些从一定程度说明了浙江省纺织工业先进的生产水平。

但是，浙江当时竞争力较强的出口产品在国际市场档次并不高。除少数出口骨干企业，全行业产品质量创新水平不高。

当时，浙江服装类产品的缝制质量以茉织华、汇丽等企业为代表，已得到国际市场的认同，从国内市场来看，浙江服装全国著名品牌中已有20多个。但从国际市场全面考察，自主设计创新、人体测量、打板等技术不成熟，模仿和跟进现象普遍，全省服装业具有原创品牌效应的仍是少数，从服装出口单价看，许多产品落后于上海、江苏。

因此，产品质量和创新水平成为此时期浙江服装行业追赶国际先进水平的主要标的。

2. 明确发展方向

围绕提高竞争力战略，此次调研明确提出了多条对策建议。

“主导产品发展对策”指出浙江在5年内重点提高30种主导产品竞争力。提高产品竞争力的重点在于在提高缝制水平和面料质量的基础上，继续提高设计创新能力和劳动生产率水平，提高市场预测能力，发展自主品牌和继续提高加工经营水平，进一步增强市场拓展能力。“重大技术对策”中阐明了产业未来要重点攻克的十五大关键技术。包括服装设计与服装板型技术，立体裁剪技术，人体数字化测量技术等。

“实施名牌对策”指出此后5—10年重点要创出20个“区域名牌”、10个“国际名牌”和40个“国内名牌”。“人才对策”要求服装行业制定人才政策，执行劳动法规，建立省级职工培训基地或中心等。“信息化对策”中表明未来要以信息化带动产业后发优势，提高竞争力为主要目标，加快提高骨干企业信息化建设普及率，建立区域信息服务体系，建立“中国纺织服装商贸信息中心”，推广电子商务等。

“大企业、大集团对策”中则指明要推动“十大集团”“百强纺织企业”激励工程。“推进国际化对策”建议产业充分利用入世进一步开放的条件，鼓励企业充分利用国内国际两种资源，开拓国际国内两个市场，多渠道走国际化的路子。“产业集群对策”中指出需提高产业集群层次和整合产业集群资源，构筑更大更强的产业集群，进一步发挥集群效应。

在世纪之交这一关键的历史时刻，此次“大调研”无疑是有的放矢的、意义深远的。浙江省服装行业协会会长冯德虎表示，这次调研不仅是对浙江纺织工业现状的全面审视，更是对未来发展方向的一次深思熟虑的战略规划。这次调研的成果，不仅为浙江服装产业的未来发展指明了方向，还在更宏观的层面上，为地区经济的转型升级提供了强有力的支撑，同时也为纺织工业协会在行业管理领域探索出一条新的路径。它预见并规划了行业的未来，确保了浙江服装产业在随后的全球竞争中保持领先地位。

二、产业的跃升发展

当时代机遇来临，一场酣畅淋漓的大发展乘势而起。

“中国制造”浪潮在2002年前后开始活力四射，物美价廉的中国商品终于向全世界发威。这是“中国制造”“浙江制造”的全球起步，也让浙江服装产业发展走向了巅峰时期，生产力迎来全面跃升。在浙江，服装产业多数以集群分布，比如杭州女装、宁波男装、温州男装/休闲装、织里童装、嵊州领带、义乌衬衫等。

2006年的浙江省服装行业协会年会上，宁波市服装协会常务副会长陈国强欣然举杯说：为我们浙江服装ABC干杯吧！当时，杭州、宁波和温州的 3 位服装行业代表齐声呼应。温州市服装商会第五、第六届会长郑晨爱回忆道，这不仅是对应着浙江车牌 ABC，更是道出了三地服装产业的特色。杭州服装的品牌如浪漫一身、蓝色倾情、秋水伊人等，文气十足，意味深长，多半是设计师科班秀才在从事服装业。而宁波是雅戈尔、杉杉、罗蒙等服装巨舰在引领着服装行业，奉帮工匠，流水作业，个个企业魁梧挺拔，英俊潇洒。温州大多是沉淀在市场中的企业家，嗅到商机，办厂创业开起服装公司。尤其是美特斯邦威、森马等一批当时被称为“虚拟经营”的代表品牌，不走寻常路，成为服务渠道的“霸王”。

产业集群是浙江服装产业发展的结构性特点。这种产业发展模式不仅成为浙江省服装产业跨越式发展的有效形式，而且在入世环境下发挥了巨大的竞争优势。

1. 从杭派到杭州不只是一字之差

2001 年，杭州市人均国内生产总值已突破 3000 美元，2004 年已达到 4242 美元。《福布斯》杂志中文版首次评出的“2004 年度中国最佳商业城市排行榜”，以及中央电视台经济频道推出的年度“中国大陆最具活力城市”评选中杭州名列其中……进入 21 世纪的杭州，物质文明和精神文明建设协调发展，市委、市政府根据杭州政治、经济、社会的发展优势，作出“把杭州女装产业作为新型都市产业培育”的战略决策，提出“打造女装之都，构筑时尚天地”的战略目标，在全国率先竖起了“中国女装看杭州”的大旗。

彼时，杭州市委、市政府主要领导决策，重点打造“两园”“两街”，即萧山女装园和九堡商业园、武林路和航海路。政府的大力支持与企业的迅猛发展，共同推动行业达到了前所未有的高度。

“这是史无前例的 10 年！”站在 20 多年后的今天回望，杭州女装发展的亲历者和见证者——杭州艺尚小镇运营发展有限公司董事长郑念华和杭州艺尚小镇运营发展公司副总经理孟平依旧澎湃不已。

2001 年，杭州共有女装生产企业 1000 余家，约占全国女装企业数量的 5%，规模以上 200 余户，年产女装 1000 多万套件。2001 年 12 月 25 日，杭州第一次以市政府名义召开了女装产业发展工作会议，从战略上确立了女装产业作为杭州都市型工业的标志性地位，并开始实施一项雄心勃勃的女装发展计划——建立大规模的女装工业园区和科研开发中心，给予女装企业二十条优惠政策。同时，安排专项资金 300 万元用于奖励名牌，评选女装“十强企业”“十大品牌”“十佳设计师”。浪漫一身、蓝色倾情、秋水伊人、古木夕羊、薰香、红袖、流金岁月、女性日记、罗马情怀等在品牌评选中脱颖而出。

在“2002 中国国际服装服饰博览会（CHIC）”上，杭州女装馆作为唯一以城市命名的展馆，成为那一届 CHIC 展上最引人注目的存在：一进入国家展览中心的大门，一幅 16 米长、3 米高的巨型广告赫然入目，上面印满了杭州女装品牌的名字以及那句口号——中国女装看杭州！当年参展的杭州女装企业有 56 家。

据中国服装协会统计，2003 年全国 30 个服装产业集聚地中，杭州服装企业的数量居第九位，服装销售总量列第十一位，与大连、青岛、北京、上海、宁波、温州、石狮等城市形成了

图2-5 杭派服装商会走访中国（温州）国际服装特许经营交易会

中国服装业的黄金连线（图 2-5）。截至 2004 年末，杭州市拥有服装企业近 2400 家，比 2000 年增加近 1000 家；销售产值 170 亿元，同比增长 3 倍多，利税合计超 10 亿元；出口交货值近 110 亿元；自主品牌 500 多个，同比翻了三番还多；从业人员达 14 万人，同比翻了近一番。

也是在 2004 年，杭州女装迎来了这一发展时期的又一次飞跃——杭州女装万里行。

孟平回忆："'非典'之后，全国商业贸易收缩紧随而来，客户不来你这里进货，生意差、老板急、怎么办？"

与其困守，不如出击。于是，经过了近一年的探路和准备，杭州女装万里行在 2004 年 5 月 29 日正式启程。彼时的《杭州日报》用"杭州女装万里行出征了！"来形容这一场声势浩大的活动。

承载着杭州打造女装之都的梦想，寄托着两千多家杭州女装企业走向全国的期盼，这次活动历时一个月，行程万里。整个六月，杭州 20 多家女装企业，辗转黑龙江、辽宁、新疆、四川、云南、贵州、湖南、山东、湖北、河南十大省份及自治区，推广杭州女装。

从 2004 年到 2008 年，5 届杭州女装万里行将杭州女装从困境中带出并一路高歌走向新辉煌。在 5 年的发展和孕育中，杭州女装也演进至一个与过去完全不一样的发展阶段，在 2008 年、2009 年迎来了全新的发展模式，新的格局，打开了。

“企业开始以品牌的身份开启销售渠道，例如从原本粗犷的批发市场渠道转向了开设专卖店、进驻商场等，这也是品牌之路。这一阶段大量的品牌主理人、设计师频繁去国外交流学习，也促使杭州女装品牌塑造阶段的快速发展。”郑念华如是说。彼时的发展模式也为现在杭州女装产业完整、不断档的品牌梯队夯实了基础。

与此同时，在商业模式快速转变的影响下，杭州的专业市场也在思考转向哪里。

2008 年，四季青服装集团旗下的杭州四季青服装大市场正式开业。该市场与当时新的杭州长途客运中心仅一路之隔。市场占地 2 万平方米，地下一层，地上五层，总建筑面积约 12 万平方米，近 3000 家商铺，耗资 10 亿元打造。杭州四季青服装大市场，与四季青老市场形成市场细分和互相依存的关系。老市场因地处城区，将以窗口看样订货为主，走中高档、精品化路线，新老市场将形成错位经营。

同样是 2008 年，意法服饰城作出一个重大决定：突破现有的管理体制，寻求懂经营、善管理的专业人才，共同经营管理市场。以徐斌（现任意法商业集团董事长）为首的管理团队进驻市场。随后，“杭州常青意法服饰批发市场”更名为响亮大气的“意法服饰城”。“以前很多商户和管理者都把自产自销女装称作‘地产货’，既难听又无档次，也分不清具体产地。我们为自产自销杭州女装命名为“杭产女装”，朗朗上口、又突出地域特色。”徐斌说，在运营过程中，意法服饰城开始严格原创原产的商户准入标准，鼓励和促进经营户自主研发、自主生产，积极打造意法商业集团旗下市场自主品牌，令原创女装可持续发展，让意法焕

图2-6　2015年，意法俱乐部考察团前往英、法、意三国考察

发源源不断的生命力（图 2-6）。

综观杭州女装的发展历程，从起步到“杭派女装”成型，从突围到转型，乃至 2010 年前后杭州女装的品牌提升战略初见成效，这些改变以品牌为核心，贯穿内外。从“杭派”到“杭州”虽一字之差，却体现了杭州女装产业在这 10 年中，突破派系的地域狭隘束缚，不强求风格一致，而是强调形成地区合力，拓展品牌广阔发展的空间阶段性硕果。

2. 宁波从“中国服装名城”走向纵深

自 20 世纪 90 年代起，随着全球经济焦点东移至亚太，中国的长三角区域地理优势越发凸显，绵延的海岸线就犹如一张拉满的弓，长江则似一支待发的箭矢。此时的宁波，这座位于“经济弯弓”版图上的港口城市，正在深思熟虑。如何制定出前瞻性的产业发展战略，在激烈的区域竞争中脱颖而出，成为推动区域经济发展的新引擎。

1999 年，中国服装协会正式出台组织创建“中国服装名城”活动，重点支持那些有实力、有潜力的服装城市和区域发展。中国服装名城，成为宁波此时此刻的战略定力。宁波，也确实成为第一批“中国服装名城”中的佼佼者。

21 世纪初期，宁波的服装企业已经有 1600 多家，其中西装生产能力 460 万套，衬衫生产能力 6200 万件，称得上是大规模、大品牌的西装、衬衫生产与销售基地。同时，也已经形成一批驰名品牌，如雅戈尔衬衫、杉杉西服、罗蒙西服、洛兹衬衫、步云西裤等。

此时一篇题为《“L”区域的创新——建立中国（宁波）服装产业园区的若干思考》在业界产生了不小的反响。何为“L”？宁波男装的腾飞，得益于拥有历史的传统优势和深厚的服饰文化底蕴，旧时宁波的企业主要集中在“红帮裁缝”的发祥地——鄞县、奉化两地。经过多年的发展，已形成自然的产业集聚区，即主要从鄞州的东钱湖镇至石契镇的鄞县大道一线和从石契镇至奉化江口镇的宁奉路一线组成的、长约 10 公里的“L”形走廊。

2001 年 9 月 29 日，《关于建立中国（宁波）服装产业园的报告》被正式递交给宁波市人民政府。以产业园区为载体，宁波加速推进产业集聚，以“L”形走廊为基础，实现了服装信息、研发、设计、制造、展示、销售、物流、培训等中心功能全链发展，进一步提升产业竞争力，加大火力全面建设“中国服装名城”和世界服装的重要生产基地。

在这一战略方向上延伸、发展，2008 年前后，在这块产业园区的区域内，集聚了几十家具有相当企业规模和品牌效应的知名服装企业。这些企业的总产量占宁波服装总产量的 60% 以上，其中不仅有杉杉、雅戈尔这样的大型服装企业，也有罗蒙、培罗成、步利杰、洛兹、太平鸟、爱尔妮、爱伊美、步云等知名中小服装企业。随后，杉杉、雅戈尔、罗蒙、巨鹰等服装企业开始相继建立起自己的工业城。

进入此发展阶段，企业特别是处于领军地位的大企业正加紧进行以品牌、技术创新为核心的差别化构建。在产业结构的进一步调整中，产业集群发挥着越来越好的效应（图 2-7）。不过，随着国际经济一体化带来的新竞争业态的深入，宁波服装产业也面临着新的挑战：如何在现有基础上巩固扩大中国市场，同时走向更为广阔的世界。

一次行业论坛上，杉杉控股董事局主席郑永刚表示：在全球化时代，只有永远的品牌，没有永远的工厂。米兰、伦敦等全球知名时尚产业的发展轨迹都在证明，时尚产业的核心在于设计、研发等软实力，而不在于产能和产业的聚集。他认为，宁波服装

图2-7 2008年，中国服装论坛以“观察宁波服装”为主题在宁波国际服装节期间举办

产业应该集聚设计师、艺术家、文化人，发展更多“时尚、文化、艺术”的创意元素。

于是，从“服装名城”到“时尚名城”，从“产业集群”到“虚拟产业集群”，从“男装”到“女装”，在这一产业的爆发时期，宁波市政府、协会、企业不停地寻找更为适合宁波服装产业发展的创新路径。新的战略思想、经营模式和品牌模式不断涌现，这些极具开拓性的探索和实践，为浙江甚至全国服装业的发展起到了推进作用。

2009 年，随着国家“扩内需、保增长、促消费”等一系列政策措施的到位，国际金融危机的影响逐步消减，宁波服装产业效益逆势而涨，产业利润总额、企业平均利润总额、人均利润分别同比大幅度增长 55%、54% 和 55%。此时，行业的发展模式发生了转变，从规模扩张向效益扩张转变，拉开下一时期发展的新篇章。

3. 联合舰队打响“穿在温州”

2002 年 3 月，23 位温州企业家齐聚郭公山，拍了一张全家福：就是那张被频频转载的“牙膏广告”照片（图 2-8）。像那样的聚会，

图2-8 温州服装业最著名的“牙膏广告”照片

在那时的温州服装界是家常便饭。

一笑开怀，不只是一张照片的定格，更是那几年温州服装产业的定格。进入 21 世纪，温州服装产业在历经资本的原始积累和产业提升两个阶段后，已有近 3000 家大大小小的服装企业，2001 年产值 265 亿元。

在此阶段，若论温州服装业的成功和优势，首先，地域人文基础在其中起了很大的作用，地域概念上的温州、温州人、温州精神是温州服装业巨大的精神财富、最大的无形资产。其次，“温州服装”是一个非常好的战略，它提出一个“大品牌”概念。

温州服装最初是以生存为目的，由一家一户发展起来的，到后来也有几家个体企业联合成一个公司，但一家公司根本无法形成“规模”和“占有率”，更谈不上建立大品牌。

在此背景下，温州以整体作战的方式来形成“温州服装”大格局和大概念，这种格局在当时被比喻为“联合舰队”。

温州服装企业总量规模大，但占总量大多数的中小企业规模小，资金、技术薄弱，力量单薄。

如果把大型企业比作“航空母舰”，那么众多的中小型企业就是小船只了，只有联合起来，才能成为强大的舰队，行驶快，抗风浪。温州服装推向市场的基本组织形态，仍采用了“散兵游勇”式的有充分机动性的作战方式。

但在形成大概念、大格局、大品牌、大形象方面则采取了“联合舰队”出击的形式。

温州市服装商会第三、第四届会长陈敏回忆道：“在当时，我们通过集体的力量，让温州服装这一区域品牌在市场中声名鹊起。温州的中小企业虽然个体规模不大，但通过抱团，展现了巨大的合力。这种联合的策略和精神让我们在面对挑战时能够相互支持，共同克服困难。当时温州服装产业的活力和生命力，也正是源于此。”

在2001年中国国际服装服饰博览会上，温州男装抱团参展、联合出击，所营造的浩大气势引得众人瞩目，一掷千金的实力在这里被体现得淋漓尽致。

温州服装以其强大的影响力让“穿在温州”的口号越喊越响亮，传播至大江南北。

站在21世纪回望，20年的时间，区域经济成功地将没有丰富资源的温州从农业经济转型到工业经济。以区域聚集代替企业规模形成了较大的总量规模，这是一种很重要的区域发展方式，至此，温州服装产业聚集效应真正凸显出来。

由于产业要素在充分竞争条件下必然流向效率最高和要素回报最高的地区和企业，因此产业集群促进了产业专业化进程和技术进步。

那几年，温州服装行业的发展是有目共睹的，产业规模快速增长、品牌知名度飞跃提升，行业产品趋于齐全，“穿在温州”和创建“中国服装名城”提升了温州服装行业的整体水平和行业地位。

彼时的温州服装军团已成为中国服装行业不可或缺的一支生力军。在国内，温州服装特别是男装当时在中国服装界享有盛誉，报喜鸟、庄吉、夏蒙、法派、华士等西服品牌都有较高的知名度。同时，温州服装已经不再满足于在国内打品牌，他们开始把自己放在国际大环境中来审视。法国巴黎、美国纽约、日本东京、意大利佛罗伦萨等各种国际服装博览会上，频频有温州服装出现（图 2-9）。

直到 2003 年，在外界看来，因为西服市场低迷，温州服装开始变得低调。但事实上，2003 年温州服装业再上了一个新台阶。

据统计，2003 年温州市服装业总产值达 350 亿元，较上年增幅为 13%。虽然西服市场的低迷确实对温州服装行业造成了一定影响，但这几年，休闲服异军突起，以虚拟经营模式扶摇直上，走出了森马、美特斯邦威等一批领军企业。

温州市服装商会第五、第六届会长郑晨爱曾表示："这几年美特斯邦威、森马、高邦、拜丽德等虚拟经营企业发展迅速，潜力巨大，产值连年翻番，其原因就是企业运营模式先进，这在国内服装界是一大亮点。我们应认真加以研究、学习和借鉴，努力引导企业结合自己的实际情况予以应用、改造。适度控制生产规模、加大产品的研发力度、改进市场营销的模式，有利于使企业从单

图2-9　2007年11月21日，德国前总理施罗德抵达温州，出席法派成立10周年庆典活动。图为时任中国服装协会常务副会长蒋衡杰，中国服装协会副会长、中国服装股份董事长、浙江省服装行业协会会长冯德虎与施罗德合影

纯加工型向制造、商贸并举转型，这也符合温州人善于经商的能力特点。”

同样是在 2003 年，产业增长势头很猛的还有外贸服装。此时的温州外贸服装已建立良好的海外市场渠道，在欧洲有相当竞争力。

2004 年，温州服装在上一年的基础上继续调整产业结构——产品结构休闲化，产品档次高档化。2004 年，中国纺织工业协会正式将“中国男装名城”牌匾授予瑞安，为“穿在温州”增添了浓重的一笔。除此之外，严把服装产品质量成为关键环节，服装产品质量开始得到很大提高。

2007 年 7 月，15 家温州女装企业第一次以“温州女装”的团体形象亮相于中国（深圳）国际品牌服装服饰交易会，展示温州女装的整体形象。15 家企业，140 多个展位，总投入达到 400 多万元。对于向来低调行事的温州女装企业而言，这也是一次“大手笔”。

截至 2007 年底，温州服装年产值 400 多亿元，国家免检产品 17 个。这一切，在温州人看来仍不足称道，这时的温州服装业开始规划更大的产业结构调整。一方面，传统的服装制造业走精品化路线，只有精品化之后附加值才会高。同时，企业要联合发展，做到研发、制造、销售等产业链的强强联合，才能将企业做大做强。另一方面，转攻“虚拟经营”模式，大力发展服装商贸业。2008 年举办的“装点 2008 · 中国服装品牌时尚盛典”开启温州服装商贸时代的新纪元。同时中国服装商贸委员会落户温州，成为温州服装商贸业快速发展的最好契机与切入点。

2009 年，温州服装行业发出欢呼：筑底成功，实现率先突围！温州服装自 2 月后已持续 3 个月出现正增长，而且是全市五大重点出口行业中唯一连续3个月保持正增长的。据温州海关数据显示，2009 年 1—5 月，温州服装及附件实现出口总值 4.1 亿美元，同比增长 4.4%，高出全国水平 12.5 个百分点，增势跑赢全市各大传统优势行业。

这几年打拼下来的浩大的“温州军团”，在中国服装界中绝对不是一个虚张声势的概念，崛起的速度之快，品牌之多，几乎快要成为服装界各方人士入选的研讨课题。庄吉、夏梦、法派、报喜鸟、乔顿等在西服领域形成了广大的品牌影响力；美特斯邦威、森马引领休闲装品牌狂飙猛进；雪歌、婉甸、风迪、飘蕾四大品牌形成温州女装独具特色的“飘风甸雪”格局……这样的气魄带动的不仅仅是几个品牌的成功，更重要的是一个产业集群快步向前的发展自信。

4. 嵊州进入二次创业提升期

伴随清澈的剡溪从嵊州城蜿蜒穿过，进入 21 世纪的嵊州已经被称为“领带王国”，彻底打响了嵊州领带的金字招牌。拥有领带生产经营企业 1000 多家，其中年产百万条以上的大企业有 50 多家，年产领带 2.5 亿条，占据了中国领带市场上 80％的份额，每年有 1.2 亿条领带销往 80 多个国家和地区。

开通“中国领带在线”国际互联网站、举办“全球领带产业合作与发展高峰论坛”、进军上海参加中国国际服装服饰博览会等，使嵊州领带的市场占有率大幅提升。当时国内知名服装企业的领带和全国公安、检察、工商等系统的工作人员佩戴的制式领带，大多产自这里。

2002 年，嵊州被中国纺织工业协会、中国服装协会正式命名为“中国领带名城”。此时，也是嵊州领带“二次创业”如火如荼之时。整个产业都致力于提高质量、争创名牌，缩小在面料、花型以及产品附加值、品牌影响力等方面与世界名牌的差距。

嵊州在全国范围率先成立“全国领带服饰质量检测中心”、制定出台全国《领带》行业标准，从领带面料质量、花型设计水平、生产织造技术等方面进行全面提升，先后技改投入达 2 亿多元。一批行业骨干如巴贝（图 2-10）、金天来、麦地郎等企业已拥有当时世界最先进的领带织造设备。在花型设计方面，也开始从依样加工、仿样加工向创新设计转化，有一定规模的领带企业几乎都拥有了自己的花型设计室。

提质量、树品牌。彼时的嵊州市委、市政府和众多的领带企业已经达成共识：嵊州领带要想立足市场，必须创出优秀的品牌。为此，创名牌工程在嵊州的领带业中全面启动。先后有“俊仕”“金天得”“好运来”等一批品牌被评为省、市乃至全国知名品牌。

注重产品质量，加大技改投入，研究领带文化，提升设计水平，实施名牌战略，打响嵊州领带集群品牌，构筑国际领带都市，嵊州领带被命名为浙江省最具成长性的国际特色产业，嵊州经济真正接

图2-10　巴贝集团董事长金耀查看领带产品

轨国际市场。

2005 年 4 月末的一天，嵊州市政府领导带领巴贝、雅士林、好运来、卡尔等 15 家企业总经理及其他有关人员 50 余人，组成一支浩浩荡荡的队伍，赴中国中央电视台中文国际频道“让世界了解你”栏目录制节目（图 2-11）。节目上，时任市长魏伟与意大利科墨市市长连线对话，畅谈嵊州领带现象。

经过多年积累，嵊州领带拥有了让全世界瞩目的资本。2008 年，嵊州领带成为浙江省首批 5 个区域名牌之一。100 亿元产值的产业集群崛起，年产领带 3 亿条，占国内总量的 90%，占全球总量的 40%。从当初 7 台铁木织机开始到 2008 年嵊州拥有高档电脑提花织机 1256 台，占世界上已有最先进领带制造设备的 60% 多，是全球拥有同类织机最集中的区域之一。设计方面，30 多家企业拥有专业花型设计室，具有专业设计人员 500 多人，具备日产花型 2000 个及 24 小时实现从花型设计到成品领带的制作能力。在连续 6 届全国领带设计大赛中，嵊州领带企业设计师获得 4 届特等奖及一等奖。

此时的嵊州拥有中国驰名商标 5 个、中国名牌 2 个、国家免

图2-11　中国中央电视台中文国际频道“让世界了解你”栏目录制现场

检产品 11 个、浙江名牌 8 个、浙江著名商标 8 个。如华伦天奴、皮尔·卡丹、梦特娇、雅戈尔、杉杉、恒源祥等 80 多个国内外著名品牌的领带在嵊州定牌生产和特许经营。中国领带城、领带工业园区、中国领带在线网站等标志性的公共平台，为领带产业的加速发展提供了强有力的平台支撑。

也是在这个时间节点上，一场国际上的金融“海啸”，把嵊州领带吹得波涛翻滚。嵊州，走到了又一个新的拐点上。转型升级，谋求新的增长点，转变经济发展模式的序幕于 2008 年 7 月拉开，嵊州开始做好“整合、拓展、提升”三篇文章。

整合，整合产业上游，逐步掌控原料供应话语权。鼓励企业外拓原料生产基地，内创物流股份有限公司，以破解原材料采购风险。拓展，拓展国内外市场，逐步掌控市场销售话语权。鼓励企业实施国际化品牌战略，鼓励产业拓展延伸，拉长、加宽产业链，加大“嵊州领带”区域名牌推广力度，提高“嵊州领带”知名度，提升“嵊州领带”市场占有率。提升，实施科技创新策略，逐步掌控技术设计话语权。引导企业加大科技投入，提高产品质量和花型设计创新能力，培育自己的设计团队，在花型设计与面料后整理引领世界潮流。

同时，嵊州努力完善配套设施，提升产业公共服务水平：建造中国领带城物流中心；投资 1200 万元组建国际、国内全方位的电子商务营销公共服务平台；政府每年拨款 20 万元开展“嵊州领带”浙江区域名牌的宣传等。在政府的引导下，“升级”的热流在企业中涌动。当时统计，嵊州市领带产业转型升级重点项目，总投资达 15 亿元以上。

在持续的转型升级中，嵊州也迎来了产业延伸。基于现有的产业优势，采取“扶植重点企业与发展产业集群并重，借助品牌优势与配套加工合作并举，发展生产企业与扩展市场平台并进”的方式，有序推进。上游向建立原材料基地延伸，下游向设计、品牌、市场发展。横向拓展方面，充分利用领带业原有的设备、工艺、人才和销售渠道的优势，加快向真丝产业、家纺产业发展，努力从“领带之都”向“真丝之都”方向发展。

2009年嵊州及时实施“工业强市”战略，计划在5年内全面实施“真丝拓展计划”。该计划的核心是做高、做精领带产业，做大、做强真丝产业，把嵊州打造成为全球集生产加工、研发设计、产品展示、批发销售、信息服务、质量检测为一体的真丝产品集聚地。为实施该计划，嵊州进一步拓展经济开发区和领带工业园区等平台，加强与国内外同类著名企业对接和合作，着力吸引日本、韩国及意大利著名品牌企业入驻发展。2010年，由于真丝类纺织品品种齐全，加之桑蚕丝用量居全国之首，嵊州被中国丝绸协会授予“中国真丝之都”称号。

5. 织里迎来产业涅槃

2001年的织里，正处在产业聚集爆发期的冲顶阶段。2001年9月举办第一届童装博览会后，镇党委政府领导班子专设童装业分管领导，并下设童装业发展管理办公室，主要职能是贯彻实施党委政府有关童装业发展政策措施，引导服务童装产业健康发展，推进童装产业转型升级，培育扶持童装企业做大做强，提升织里童装区域品牌影响力和竞争力。

在政府的大力支持下，产业发展用“一日千里”来形容丝毫不显夸张。此时的织里已经是全国最大的童装生产销售基地，童装规格齐全、四季分明、面料多样、款式丰富且产品价位较低；销往全国 28 个省市 110 个大中城市，大宗销往“三北”地区，全国市场占有率达 15%，2001 年销售额 30 亿元。

2001 年，织里建成了“中国织里棉布城”，软硬件配套在当时均处于省内乃至全国领先水平。织里童装商会党委书记史宁慧回忆：“棉布城是一个港资企业建造的，织里不产棉花，但当时的棉布城能够左右全国棉布市场的价格。因为当时织里已经聚集近万家童装企业，吸引了全国各地的棉布生产商或大型研发企业到织里开设经营部。围绕童装发展所需面料的二批市场形成，加剧了童装行业面辅料在织里的聚集，为产业发展创造出明显的优势。”

2002 年，织里镇被中国纺织工业协会、中国服装协会命名为“中国童装名镇”。在企业创新不辍、产业优势聚合、政府倍加呵护的背景下，“织里童装”区域品牌在全国童装业中的知名度和影响力迅速提升，一批规模型、品牌型童装企业开始涌现，织里童装在同行业中的优势地位基本确立。

2003 年 7 月，织里童装业发展过程中首座童装专业园区——织里童装精品工业园竣工。园区入驻规模童装企业 117 家，该园区设计突出江南水乡特色，建筑结构将生产、生活、仓储相分离。该童装园区建成投入使用，曾在织里童装产业发展历程中具有标志性意义，是织里童装生产从“三合一”作坊式向生产、生活、仓储相分离过渡并企业化的开端。

2004 年织里童装产业销售额 51 亿元。盛世修志，2004 年中国童装博物馆成立，由中国青少年研究中心和织里镇人民政府共同创办，是我国第一座儿童服装服饰文化发展史专题博物馆。前有童装精品工业园投产成功，为立足于更高起点，推动产业向规模型、科技型、品牌型方向发展，织里又规划兴建织里童装特色工业园。该童装特色工业园占地面积 616.5 亩，建设总投资 5.4 亿元，入驻规模型童装企业 48 家。2006 年全部竣工投产，称为“千亩童装科创园”。

然而，2006 年到来的不仅只有“千亩童装科创园”，这一年，织里童装在粗放型快速增长中突遭挫折。“9・4”和“10・21”两起重大火灾被称为织里“两把大火”，这“两把大火”也让织里重新冷静下来。

2006 年以前，织里童装企业极大部分都是利用镇区民居商住楼作为生产经营场所，一般都是一层为门市部店面，二层生产加工以及储存产品和原料，三四层则为企业主和工人的住宿，集生产、仓储、生活为一体，普遍存在“三合一”现象。

“两把大火”后，湖州市和吴兴区两级政府立即在织里镇设立“三合一”整治指挥部，多方抽调成立近千人队伍，编成 12 个大组 64 个整治监管小组。第一阶段完成生产区和生活区过渡性分离，901 家企业未达标准被强制关闭。第二阶段长达一年多，童装企业“三合一”整治按“水平隔离”方式推进，于 2008 年上半年基本完成关键阶段工作任务。在整治中，总共对全镇 885 幢建筑进行安全改造，仅建设室外消防连廊就达 136 公里。

此外，还对房屋开发、新村安置、旧村改造等作出新规定，并确立“生产进园区、生活进社区”新理念，规划建设两处童装产业标准化厂区，同时加大童装产业安全监管长效机制建设，使织里童装业发展逐渐走上正常轨道。

由“两把大火”到“三合一”整治，织里童装在挫折中涅槃重生，企业、产业全力转型升级，为下一次超越蓄力。

从质量升级方面，织里童装业早期大多属于家庭作坊式生产，质量意识淡薄。

吴兴区政府于 2008 年 4 月出台《关于开展织里童装产品质量专项整治的实施意见》，动员部署深化织里童装质量专项整治工作，区、镇两级抽调三百多名干部，在当年 4—10 月，全面摸清企业数量、规模大小、标准执行、面料来源、质量管理现状等情况，对童装行业全面普查建档，重点整治童装和面料，着重解决企业业主法律意识淡薄、童装标识不符、童装和面料有害物质超标、童装产品整体质量水平偏低、企业无照经营等问题。

同时，为全面提升童装产品质量，政府重点推进落实童装行业质量品牌建设“125”工程，即以市场竞争法则为主，重点扶持规范 100 家童装生产加工企业质量管理；以创品牌为主，有效提升 2000 家童装生产加工企业质量水平；以安全、合格为前提，关停淘汰 500 家无证加工和质量低下企业和个体户。

在此基础上，建立和完善童装从原料进厂、生产加工、出厂销售、出口到售后服务全过程监管链条，逐步建立产品质量溯源体系和责任追究体系，较为完善的形成童装质量监管长效机制。

在公共服务平台方面，自 2006 年起，通过资源整合和服务功能拓展，织里童装产业公共服务平台从“三中心”扩展到“五中心”。

由童装信息中心、童装设计中心、童装检测中心、童装培训中心、童装展示中心构成童装科技创新中心，并按照“政府支持、市场化运作、公司化经营”运行机制，为广大织里童装企业提供创新设计、信息沟通、形象传播、质量检测、人才培训、政策咨询、企业管理等全方位多层次服务。

对于织里童装产业集群2009年的发展，时任织里镇副镇长王英用一句话概括为“三多一平”。“三多”是指童装企业数量增多、产量增多、春季产品库存增多，“一平”是价格平稳。

王英介绍说，为实现“提升优势、率先发展”的目标，进一步培育、繁荣、提升织里童装产业，织里镇从六个方面开展了“童装提升年”活动。第一，镇政府不定期地组织媒体对品牌企业进行集中采访，有效地保证了织里童装知名度提升的持续性。与此同时，镇政府还组织企业申报省市著名商标、名牌产品，为企业申报童装外观专利，保护着企业朝着更远的目标迈进。第二，通过多种渠道提高企业的学习能力，积极与企业研讨交流成功企业的经营管理思想和卓越的管理方式，从而提高企业的核心竞争力。第三，镇政府通过开展童装质量培训班，对企业的技术骨干进行培训，使各企业增强质量意识，从而从根本上保证产品质量。第四，居安思危的织里童装企业没有沾沾自喜于已经拥有的98%的市场覆盖率，童装企业积极通过建立织里中国童装城扩大市场份额，力争打造以儿童产品为主的专业化、多功能、一站式的现代化商贸市场（图2-12）。第五，织里通过设计大赛、评选优秀设计师等活动来培养自己的优秀设计师，通过平台建设提升织里童装企业的自主创新能力。第六，在广泛地

图2-12　2010年，新落成的中国童装城开业

占有国内市场的同时，织里童装通过外贸与内贸并进的方式把眼光瞄向了更广阔的国际市场。

在“创新创强”的产业氛围里，2011 年，织里童装产业销售额达 180 亿元，向着更为璀璨的产业未来坚定走去。

6. 义乌的黄金十年与发展阵痛

义乌衬衫的黄金十年，或许可以从北京故事说起。

那是 2003 年的 7 月，北京天安门所有照相景点的工作人员将统一换发衬衫，当时负责采购的工作人员对衬衫的布料、款式都提出了极其严格的要求。义乌的一位老板接到了这个任务，他迅速与衬衫厂家联系，根据客户的要求快速制作出样品，并在客户提出修改意见后迅速调整。在短短 20 多天里，第一批 1000 多件衬衫就准时送到了北京，客户非常满意。

据这位义乌老板回忆，最初北京木樨园等市场经营衬衫生意的摊位不多，经营精装衬衫的更少，主要是由来自义乌大陈、苏溪镇的十余家厂方直销经营户组成。当时的北京小商品市场刚刚开放，衬衫的销售形势好，北京市周边县市的客商和河北省内各大城市的客商，主要都是从义乌衬衫经营户手中进的货。经过风平浪静的几年，河北容城的衬衫制造商借助地理位置近、运费低廉等条件与义乌经营户打价格战。但由于义乌经营户的衬衫由义乌大陈、苏溪等地的生产企业直接供货，只要客商需要什么样的产品，经营户马上和义乌厂家联系，产品会在最短时间内从义乌发到北京。此外，义乌衬衫在质量、款式等方面都占有一定的优势。就这样，义乌的衬衫在北京的各小商品市场上份额开始逐年递增，

2004 年左右，以天意市场为例，义乌的大陈衬衫占近 50%。那时，北京的许多国家机关、银行系统工作人员的衬衫均产自义乌，有摊位每年光给国家机关工作人员定制衬衫礼服就在三万件以上。

随着经商时间和市场经验的积累，许多在北京的义乌经营户都感受到要在北京市场长期发展下去，向超市、商场进军走品牌化道路是必然趋势。义乌的衬衫也开始打入了北京的家乐福、华联、京客隆等知名连锁超市。据当时的不完全统计，一年内在木樨园市场销售出去的义乌衬衫就在 300 万件以上。

管中窥豹，彼时的义乌衬衫不仅在北京市场取得了显著的成就，更在全国各大城市乃至海外市场展现了其强大的竞争力。

义乌市服装行业协会会长金洪辉介绍："2000 年后，行业的企业数量达到了空前的规模，有超过 1000 家企业从事衬衫行业，一半左右做出口贸易，以出口欧美、非洲、迪拜为中心辐射东欧西亚，特别是垄断了整个非洲市场。这一时期的单个企业规模在快速壮大，像出口企业的代表贝克曼集团、三佳服饰，年产量都超过 2000 万件，规模优势非常明显。内销企业也抓住了一波国内百货商店的发展期，从 1999—2009 年的黄金十年，从品质提升到效益增加完成了资金积累。"

总体而言，进入 21 世纪的义乌市衬衫产业，进入了全面成熟阶段。高速缝纫机得到广泛使用，生产制作工艺由单人作业改良为流水作业，产能得到迅速提升。随着中国加入 WTO，衬衫对外贸易开始高速发展，国内服装销售从原来的市场向商场、超市转变。地区的规模化发展也成就了义乌中国衬衫之乡的美誉，同时也让义乌一直荣膺中国衬衫最大生产集聚地的称号。

义乌衬衫站上了新起点，发展阵痛也随之而来。金洪辉回忆：

“确切地说，义乌衬衫产业的高峰期是在 1995—2005 年，但在 20 世纪 90 年代以前，义乌衬衫能够短时间内迅速发展成如此大的规模，主要依靠需求端的改变，是需求倒逼企业的规模数量、生产数量以及规模效应的扩大，而且那个时候恰好是我们人口红利相对较高的时期。进入 21 世纪后，企业高速发展，所需的管理能力却成为这些企业的短板，这导致许多大企业逐渐衰落。从历史情况来看，到21 世纪初期，第一批创业的企业留存下来的已为数不多，产业在这个时期经历了一场迭代。”

与此同时，由于义乌地区是单品类的集聚生产，而且衬衫只是作为服饰类里面的一个搭配，导致义乌虽然企业数量和企业规模都可以，但是品牌的创立就相对被动，衬衫基本是给西装类品牌做贴牌。虽然全国的知名品牌衬衫多在义乌生产，但是义乌本身却没有比较有名的品牌，这给行业的长远发展带来制约。

2008 年左右，产业的阵痛期达到一个高点。当时的“中国衬衫之乡”大陈镇，道路两边大大小小的制衣厂有个别大门紧闭，有个别贴出“厂房出租”的横幅。以往大陈镇街上行走的，90% 都是外来的务工者，江西、安徽人居多，但当时镇上的工人和外来的客人都少了很多。当地人形容，2008 年来了“4 把刀子和一根绳子”，“刀子”是指原材料价格上涨、人民币升值、用工成本激增、外贸困境，“绳子”是信贷紧缩。曾经生意多得做不完，每年不等正月十五过完就有人上门要活，镇上的每个厂房都会传出机器的轰鸣声，车间里换气用的鼓风机把每条蓝布窗帘都吹得像张满的帆一样鼓在窗外，工人们每天成千上万次地压领子、缝扣子、把一堆一堆的布片对接成一件完整的衬衫。从日复一日，人与机器昼夜不息，到车间里灯火通明的盛况不再，大陈从没遭遇这样的冲击。

但是，任何一个产业的发展都会面临“阵痛期”，“阵痛期”也是“机遇期”。正如金洪辉所言，义乌在变！

当地政府和协会开始努力打造公众品牌，把义乌的生产集聚优势打造成最大品牌。企业文化和品牌建设也蓬勃发展，涌现了贝克曼股份公司、能达利集团、金乌集团等一批优秀企业，打造了一批知名品牌，如中国名牌产品——能达利衬衫，浙江名牌产品——贝克曼衬衫，还有中国驰名商标傲哥、派士等 7 家。同时，企业开始重视产品设计研发，纷纷成立研发部门，开始尝试从 OEM（单纯加工）转向 ODM（设计加工），经营管理模式也逐步由家族式向现代化管理转变。还有从 2007 年、2008 年开始积极进行技术改革，2009 年推出易打理或者免熨烫的产品……

整体而言，这是义乌产业高速发展的 10 年。这一时期，产业集聚进一步提高，产品质量进一步优化，配套产业服务进一步完善，产品知名度、认可度、保有量等都达到了较高水平。

三、行业活动在升腾

“这个城市因一个节日而神采飞扬。”

这句话曾用来形容宁波国际服装节的盛况。事实上，在当时的浙江，不止宁波，充满激情与活力的行业活动遍地开花。这 10 年，伴随着浙江服装行业快速发展，纷纷涌现的各类行业活动与产业发展相辅相成，成为推动产业腾飞的关键力量之一。

从产业发展意义的角度审视，首先，这些丰富多彩的行业活动无疑为浙江服装企业打造了无与伦比的展示平台。让品牌、企业有机会在行业、市场面前尽情展现风采，极大地提升了品牌知名度和影响力。特别是在“入世”的大背景下，通过活动期间广泛的媒体报道和传播，浙江服装品牌得以突破地域的藩篱，冲向更广阔的市场，吸引了全球的瞩目。

其次，行业活动犹如强大的引擎，有力地推动着产业创新、设计创新。创新是产业发展的核心动力源泉，行业活动为创新提供了肥沃的土壤。通过活动中的设计交流、技术展示和人才竞争，激发了企业和设计师的创新意识，强力推动了产品创新、技术创新和管理创新。创新带来的差异化竞争优势，使浙江服装企业能够在激烈的市场竞争中脱颖而出，大幅提升产品附加值，成功开拓新的市场空间。还有设计大赛等平台如同熊熊燃烧的烈火，激发了设计师的创新活力，为行业挖掘和培养了大量优秀的设计人才，为浙江服装产业的持续创新注入了奔腾不息的动力。

再次，行业活动发挥超强的吸引力，促进了产业链的整合与协同发展。各方企业在活动中可以直接沟通交流、深入洽谈合作，实现了资源的高效对接。同时，这些活动也进一步强化了浙江服装产业集群的优势。产业集聚能够产生显著的外部经济效应，包括共享基础设施、劳动力市场和知识外溢等，行业活动促进了集群内企业之间的合作与交流，推动了产业集群的发展壮大。

最后，行业活动是一种极为有效的市场营销手段。活动可以助力企业树立鲜明的品牌形象，广泛传播品牌价值，品牌展示的每一件产品都承载着深厚的设计理念、独特的文化内涵，能够吸引消费者关注，有效刺激消费需求，推动整个产业经济增长。

站在 21 世纪回望过去，在 20 世纪 90 年代，世界范围内已经拥有全球知名的五大服装节：一是巴黎国际女装博览会，这是当时代表国际最高水平的女装博览会；二是米兰时装博览会，当时的意大利服装以款式稳健、色调素雅而闻名于世；三是慕尼黑国际服装博览会，最时髦、最具有时代性的品牌展室只有有实力的买家才允许进入；四是贝尔格莱德国际时装博览会，既预示着本年度时装的流行式样，也预示服装设计和厂家的生产方向；五是香港时装节，中国香港是当时著名的世界时装橱窗，由香港贸易发展局主办的“香港时装节”是时装界瞩目的盛事。

与此同时，20 世纪 90 年代的中国内地，也进入了展会与服装节创建、兴起的时期。例如，创建于 1993 年的中国国际服装服饰博览会（CHIC），依靠多角度、多层次的服务，成长为产业发展的风向标与大平台。

聚焦到浙江服装产业，也已经拥有很多举办行业活动的成功经验。1991 年首届奉化时装节暨全国服装订货会，有 71 个参展单位，展出 2420 个样品，接待外地客户 1200 人次，总成交 2.6 亿元。两届服装节期间 4 家企业与外商签订了合资合同，引进外资 57.9 万美元。1991 年首届鄞县“商之乡”贸易节纪念中国“红帮裁缝”成名 170 年，340 多家服装企业参展，来自全国各省（市）的客商 2000 余人，总成交额达 1.68 亿元。1992 年第二届鄞县“商之乡”贸易节各类服装销售额达 1.35 亿元……

1. 被服装节拉开的序幕

1996 年夏天最热的时候，宁波服装节开始筹备，1997 年 9 月，首届宁波服装节开幕。各种经贸活动进行得轰轰烈烈，展现了整个服装产业、行业、企业超强的生命力。宁波服装节本身也一直在做着不断调整的动作。随后的每一届都能找到新鲜的定位和模式，让自己“更上一层楼”。

时间来到 2001 年，第五届宁波国际服装节与第十届中国金鸡百花电影节双节合一，成就了一场无与伦比的甬城盛事（图 2-13）。双节联袂，合用一个晚会、一个舞台，是主办者“文化搭台、经济唱戏”的巧妙运用。国家级艺术节的舞台成功将宁波服装节推上了一个新的高峰。当时，全国 1200 多名影视人员齐聚宁波，对宁波作出了高度的评价。当时，有媒体如此评价：“服装节已成为宁波的节日、宁波的名片，其意义已不在服装，而在城市。”

这一届宁波服装节在一直追求的国际化方面有大的突破。博览会规模共 1000 余个展位，总面积 2.2 万平方米，其中，国外展位超过总展位的 20%，比 2000 年增长 60%，接近国际化展会所要求的比例。意大利、德国、日本等国家的一批著名品牌登台亮相，诸多国际著名服装商会、协会加盟，奏响了宁波服装产业国际合作的新序曲。加拿大带来了一场主题为“灵感加拿大”的时装发

图2-13　第五届宁波国际服装节与第十届中国金鸡百花电影节“双节合一”

布专场，向观众传达了关于秋季的创作灵感。世界著名女装设计师、时任韩国时装协会副会长裴勇的时尚女装发布会，向人们展示了以东亚文化为底蕴的设计时尚。

当时展出的服饰也融入了很多“高科技”元素，令人耳目一新。譬如，“纳米”领带不沾油。当时，有一位记者把果汁和油珠滴到“纳米”领带上，结果油和果汁就像水珠滴落到荷叶上，轻轻一抖，全部散掉。人们日常食用的大豆，被韩国一家企业织进了呢绒里。这种面料具有蚕丝般的光泽、棉布般的吸湿性、羊绒般的柔软手感，对人的皮肤具有较好的亲和性。来订货的意大利客商说：“博览会布展水准与气势、服装的款式与风格，足可与全球性的服装博览会相媲美。如果宁波企业在面料上再下点功夫，我们可以把宁波服装销往世界各地。”

宁波服装节开幕仅两天，就有两场外商投资项目签约。由于第十届金鸡百花电影节与展会同期举办，慕名而来的客商达 10 万人，参加博览会交易的客商达 8000 余人，创历史之最，贸易总成交额超过 48 亿元。经贸洽谈共有 30 个项目签约，总投资 2.74 亿美元，协议利用外资 2.13 亿美元。这一届宁波国际服装节在大型歌舞晚会“雅戈尔之夜”的掌声中徐徐落幕。这也是“入世”前宁波对服装业的一次重要“盘点”。

2001 年无疑是行业活动全方位寻求并且实现“突破”的一年。众多行业活动纷纷在形式、规模以及国际化、影响力等多个维度上展现出前所未有的变革与提升。

这一年，由庄吉、报喜鸟、法派、华士、夏梦、金顶针 6 家代表当时中国男装最高水平的温州男装企业组成的中国品牌服装展团，参加世界上规模最大的男装专业博览会——科隆国际男装博览会，向世界展示了中国男装品牌的实力、工艺技术和加工能力。因为时间比较匆促，温州的 6 家企业除了“金顶针”自带装修集装箱外，都将展位的装修交给当地人负责。每家企业 40 平方米，灰白底色，配以各家的宣传画，在“亚太馆”里非常醒目。“亚太馆”里“中国温州”的男装受到世界的瞩目。三天的展示中，6 家企业共接待客商 1000 余人次，与 300 余名客商达成了贸易意向，意向订货金额达 1000 万美元。

这一年，杭州举办中国国际女装展，展会展出面积达 1.2 万平方米，177 家国内外企业和 203 个国内外女装品牌参展，其中国际展位占 28.3%，国际参展企业占 25.4%。展会期间举行的各项活动，共接待专业观众 1.67 万人次，普通观众 6.5 万人次，实际成交额折合人民币 13.18 亿元，成为当时中国服装史上规模最大、档次最高、活动内容最丰富的一次女装盛会。

这一年，织里镇举行首届中国·织里童装博览会。该届童装博览会以“弘扬服装文化，引领童装潮流”为主题。博览会主要活动内容包括：织里十大童装品牌评选结果揭晓颁奖仪式、中国织里棉布城落成典礼、童装精品展示和童模表演等，博览会期间举行中国服装协会童装专业委员会第一次筹备会议暨童装发展研讨会，组织大型民间踩街活动。这届博览会，主要介绍织里从无到有、从小到大的成长历程和发展蓝图，向社会、行业全面展示了织里童装的发展状况和良好前景。

在 2001 年一系列活动大获成功之后，浙江省服装行业通过这些活动不仅在国内外市场上赢得了声誉，同时也积累了宝贵的经验。这些经验对于提升本地品牌的影响力、增强企业之间的合作以及推动整个行业的进一步发展具有重要意义。

为了更好地展示行业形象，宣传名优品牌，挖掘市场潜力，拓展销售渠道。浙江省服装行业协会于 2002 年底，筹备成立了浙江和济会展有限公司。2003 年在杭州举办了首届品牌服装服饰交易会（图 2-14），有雅戈尔、华士、罗蒙、法派、步森、庄吉、报喜鸟、万事利、高邦、鳄鱼、秋水伊人、三彩、薰香等企业参加。据现场不完全统计，实现销售 860 余万元，受到了参展企业和杭州消费者的一致好评。

在首届交易会取得圆满成功的基础上，2004 年第二届杭州品牌服装服饰交易会如期开展，第二届交易会由于杉杉等著名品牌的积极加盟，参展的会员企业数比第一届增长了 53%。由于会员企业的产品知名度高，质量好，价格实惠，受到了杭城百姓的欢迎，以至于此后很长一段时间还有消费者来电或来人建议希望能每年定期举办此类活动。

与此同时，浙江省服装行业协会为配合童装企业拓展新的市场领域，推动“童装品牌大省”建设，连续多年协同童装分会，组织骨

图2-14　首届品牌服装服饰交易会上领导合影

干童装企业，以浙江童装展团形式，参加北京中国国际服装服饰博览会，宣传和推广浙江童装。为扩大宣传，在展会期间，还举办了“打造中国童装品牌大省”“童装未来·浙江动力”新闻发布会暨研讨会等活动（图2-15），得到了中央电视台、新华社等30多家主流媒体的大力支持和重点关注，纷纷刊发了“浙江童装要从生产大省向品牌

图2-15 2007年，浙江省服装行业协会及童装分会召开“打造中国童装品牌第一大省”新闻发布会

大省转变”“浙江童装业欲引领行业价值提升”等为题的专题报道，在这一时期大幅提升了浙江童装产业的知名度。

2. 万里行开启新一轮市场拓展

行业内广为人知的“杭州女装”中国万里行活动也是在2004年正式出发的，不过其准备活动，差不多在一年前就开始进行了。

筹备过程中，时任杭州杭派女装商会秘书长的孟平回忆，当时先头部队走访了全国7个主要城市，足迹遍布这些城市的批发市场，与当地的商家进行了深入的交流。2004年3月，北京人民大会堂内，一场盛大的新闻发布会如期而至。2004年6月，“杭州女装”中国万里行活动正式开拔，有30余家杭州女装企业参加，规模之大也

是前所未有的。回忆起当时的一些细节，孟平依旧非常感慨，他说："当时我们一行 24 人，携带了大量的行李和道具，以至于所有人的行李额都占满以后，超重的行李费用还高达五六千元。"

6 月 1 日，哈尔滨的清晨还带着些许凉意，"杭州女装"中国万里行的队伍所到之处却一片热情。活动从哈尔滨开始，到达沈阳、乌鲁木齐、成都、昆明、贵阳、长沙、济南、武汉、郑州共十大城市，历时 30 天，每个城市 3 天，节奏紧凑，行程达 12843 公里。

"这次活动的推广方式在当时是极具创新性的。"孟平说。活动日程不仅包含高规格的服装秀，还有杭州女装品牌推介会、商企洽谈会等，将杭州女装特有的文化韵味和风格淋漓尽致地展现给全国十大城市的观众和客商。据不完全统计，首届活动期间一共接触了相关组织和各地服装商场、市场、商贸城等 138 家，邀请专业客商 1978 人，洽谈意向客户 875 家，达成签约客户 300 余家，意向成交额总计近 5 亿元。

一场万里行，让杭州女装品牌影响力得到了极大地提升，杭州女装万里行活动持续了五年时间。它不仅覆盖了国内的城市，以及中国香港、中国澳门、中国台湾等地区，还扩展到了新加坡、韩国等国家，为杭州女装的长远发展奠定了坚实的基础。

2005 年，为帮助企业不断拓展市场、捕捉商机，浙江省服装行业协会积极搭建服装上下游产业和企业之间的信息交流和贸易洽谈平台，先后主办了"浙江品牌服装服饰交易会""浙江省面辅料展览会""浙江省制衣设备展览会"，参与了"杭州国际女装展""宁波国际服装博览会"等相关活动，组织业内骨干企业举办产销衔接座谈会，开展服装企业与大卖场的合作交流，帮助部分会员企业解决进入超市的通路问题。

一系列的市场拓展活动，不仅为整个服装行业的繁荣和进步作出积极贡献，也为企业发展注入新活力。在这个过程中，企业不断成长和进步，逐渐形成了自己的品牌特色和竞争优势，展现出无限的潜力和希望。

3. 时装秀加快品牌走出去

2005 年 10 月 18 日，报喜鸟集团在甘肃敦煌举行了别开生面的“天垂丽象”品牌概念发布会（图 2-16）。此次品牌概念发布会意义深远。它演绎的不仅是一场纯粹的品牌发布秀，而是通过让人们探寻那跨越千年的原创灵感，撩开历史尘封，揭示着打造中国民族品牌的国际化道路任重道远。报喜鸟此举更是以行业的名义，高屋建瓴地将时代主题和企业理念融为一体，放大了品牌的价值，这不仅是中国服装营销的经典之笔，更是中国服装产业从“中国制造”到“中国创造”转型过程中的又一惊人之举。

2005 年 11 月，温州组织女装企业赴韩国参加时装周，此外，每年两次组织参加中国香港时装周，这一年，温州共有 4 批 65 人前往欧洲参观服装和面料展，考察市场。

图2-16 报喜鸟“天垂丽象”品牌概念发布会

随着中国服装品牌“走出去”的步伐越发坚定，越来越多的品牌在海外寻求市场，一些品牌已经初步打开了通往欧、美、日等服装发达地区市场的通路。

2006 年 2 月 21 日，雅戈尔以自主品牌产品首次参加在美国举行的世界最大订货型服装服饰博览会——MAGIC 国际展，这开创了中国品牌服装产品在 MAGIC SHOW 上参与国际竞争的先例。同时，雅戈尔的数款休闲西服产品被组委会选中在 MAGIC 时装秀上展示，也是中国自主品牌的服饰产品首次在国际大型服饰博览会的秀台上展出，为今后的国际合作铺垫基石。同年 9 月，庄吉、杉杉、凯喜雅等 8 家国内品牌在米兰国际时装周精彩亮相，更是中国服装品牌走向世界的重要里程碑。

2006 年 9 月 25 日，庄吉集团举办以“游弋黑白”为主题的 2007 年春夏女装发布会，以其独特的设计理念和精湛的工艺，赢得了国际时尚界的高度评价和热烈掌声。这是米兰时装周首次为中国品牌设立专门发布日，也是中国服装品牌在国际顶级时装周上的破冰之旅，标志着中国服装品牌在国际舞台上的影响力和竞争力不断提升。

这些品牌踏着时尚的步伐成功“走出去”，不仅为产业的发展注入了新的活力，也为更多品牌树立了榜样。它们以开放的心态，积极拥抱全球化，不断探索和尝试，以创新的理念和卓越的品质，赢得了国际市场的认可和尊重，同时不断推动服装产业的国际化发展，也向全球时尚产业展现、贡献中国智慧和中国力量。

4. 专业赛事助推人才成长

推动服装产业向前走、走出去，从来不是孤立的行动或是某时某刻可以取得的成绩，这是一个需要持续协同的系统性工程。在这个过程中，专业赛事扮演着至关重要的角色。它们不仅是设计师们展示才华的舞台，更是激发行业创新活力、培养专业人才、提升产业竞争力的有效途径。

2007年，嵊州举办了“中国领带名城杯”全国丝品花型设计大赛。自9月公开征稿以来，共收到来自全国各地的设计稿件300余份，不仅体现了赛事的广泛吸引力，更彰显了设计师们对专业成长和行业创新的渴望。本届大赛的颁奖仪式在2007年11月的嵊州·中国领带越剧节上举行，亮点纷呈。同期，嵊州还开展“中国领带名城杯”领带制作大赛，旨在进一步调动从业人员的创造性，着力提升领带服饰产业的质量和品位。

2009年迎来祖国母亲的60周年大庆，这一届“汉帛奖”大赛的主题定为“国庆招待会”，为祖国生日献礼。当时，主办方表示：我们相信来自不同国家，成长于不同文化背景的设计师们一定会给我们带来全世界不同形式的“国庆招待会”时装展示。这一届大赛共收到来自中国、日本、韩国、印尼、芬兰、挪威、德国等21个国家的1738份参赛作品。全世界确定国庆节的依据千奇百怪：有些国家以国家建立的时间为国庆节，有些国家以占领首都那天为国庆节，有些国家以国家独立日为国庆节，有些国家以重大会议日为国庆节，还有以国家元首的生日为国庆节的，不同国家，不同形式的国庆节给世界各国青年设计师带来无限的创作灵感，当时参赛设计师的每件作品都凝结着浓郁的文化韵味。

经专家评委们认真、细致地评审，最后选定18个国家和地区的31名选手参加2009年3月24日在北京举行的总决赛，他们带着自己倾心设计的时装作品拉开中国国际时装周2009—2010年秋冬系列发布会的帷幕。“汉帛奖”的前身是创办于 1993 年的“兄弟杯”中国国际青年服装设计师作品大赛，2002 年由汉帛国际集团冠名改称“汉帛奖”，在多年的发展中已经成为参赛国家最多、最具国际影响力的专业赛事。

2009 年 8 月，中国·织里童装活动周期间，2009 年中国·织里童装创意团队设计大赛举办。这一大赛正值织里中国童装城一期项目奠基开工建设之际，提出了“织里就是童装，童装就是织里”的口号，大赛作为核心力量之一，推动织里童装产业加快朝着规模型、品牌型、科技型、外向型方向发展。无独有偶，2010 年，在新落成的织里中国童装城（一期）投入使用之际，织里隆重举行 2010 中国·织里童装文化节。期间，中国·织里童装创意设计大赛决赛顺利举办。在“织里让孩子更美”的主题下，大赛吸引国内外知名企业和专业人才来织里创新创业，促进织里童装加快转型升级。

21 世纪的前 10 年虽然在这里结束，但一座城市因一个节日而神采飞扬的时期并没有画上句号，而是伴随着迈向未来的脚步，更加欢腾……

3

第三节
品牌崛起的时代

一位世界经济学家说过，当一轮经济热浪席卷一片土地时，会给这个国家和地区留下诞生世界品牌的机会。

中国服装企业从“以生产为中心”到“以需求为中心”，再到“以品牌为中心”。作为产品附加值的品牌成为企业竞争成功的一项有力武器，这在此前的 20 年实在是难以想象的。《光明日报》曾经在创业版头条位置刊登了郑永刚的专访文章，其中说道，20 世纪后期，“新红帮”们对中国服装工业的贡献之一，是扬起了“名牌工程”的大旗。例如杉杉和雅戈尔，在当初的高明之处，即有一句响亮的广告语和砸重金做广告。但那一时期的“品牌”发展基本上还是处于粗犷崛起的阶段。

进入 21 世纪，一方面，中国加入世贸组织面临日益强大的外资品牌竞争，中国企业必须打出自己的自主品牌以应对竞争，品牌成为与世界接轨的唯一通道；另一方面，中国企业的规模和制造能力已经达到一个临界点，部分中国企业不再满足于加工制造，而是想往价值链更为高端的方向走，其中一个方向就是品牌的打造。2001 年“十五”计划指出，要“形成一批拥有著名品牌和自主知识产权、主业突出、核心能力强的大公司和企业集团”，2002 年党的十六大报告明确提出关于“形成一批有实力的跨国企业和著名品牌”的总体要求，这是当时中央对“企业兴国、品牌强国”战略的最高决策。

落实到服装行业，民营企业家们的品牌意识觉醒，一些运作比较成熟的企业对品牌的发展有了更进一步的需求，他们不满足于提高品牌的知名度，还想让自己的品牌更具识别性，真正走进消费者心中，为了达成这一目的，这些企业开始明确品牌定位，修正品牌价值主张，进行品牌的升级。

时任浙江省服装行业协会副会长兼秘书长韩礼成表示：“这一时期，浙江服装业在转型升级和品牌经济的推动下，已经开始由规模扩张向效益扩张转型。到 2006—2009 年，组织规模得以提升，产业集中度不断提高。规模以上企业比 2006 年增长 35.39%，服装上市公司由 5 家增至 7 家，有 5 家企业进入 2009 年全国服装行业利润总额前十强。同时，经过国际金融危机的冲击，浙江进行调整后，企业对外贸易的依存度也从 55.38% 降至 48.8%，自主品牌走出去战略开始启动，协会鼓励企业利用国际市场，参与国际竞争，创建出市场型的国际市场自主品牌。更为可喜的是，上规模的服装企业在发展过程中，开始了供应链构建、多元化拓展、跨地区、跨国投资和各种形式的资源经营和资本经营，向战略型和产业集团发展。”

这首此起彼伏的品牌大风歌协奏曲从 2001 年开始唱起。这一年，服装行业 124 家全国百强企业中，浙江服装企业数量达到 41 个，约占三分之一，位居全国各省份第一。无论是多品牌运营、专业化发展、资本化运作等多元模式都在浙江这片土地开始了探索与尝试。

一、多品牌，国际化发展

就在 2001 年，杉杉走上“多品牌，国际化”之路，希望通过与国际品牌的合作，学习国际品牌运作经验、设计理念，从而培养自己的设计师和品牌运作人才，最后拉动原创品牌。

2002 年初，杉杉从服装生产加工领域抽身而退，以前由杉杉在宁波全资建立的 5 家服装加工厂的控股权和具体运营权全部被转移给外资公司或个人。

郑永刚通过加工外包和借助特许加盟商之手，使杉杉彻底地脱离产销一体，从而采取“全球下单”的运营模式。

2005 年 CHIC 展会的专馆中，杉杉进驻 9 号馆，组成了“杉杉专馆”（图 2-17），展示了其旗下的 14 个品牌：1 个核心品牌（杉杉）、5 个国际品牌（玛珂·爱萨尼、卡拉威、雷诺玛、Pinky&Dianne、Lecoq）、8 个原创品牌（法涵诗女装、卡莎迪娅、法思·迪萨、法涵诗男装、马基堡、杉郎、玫瑰黛薇、意丹奴）。这个声势浩大的品牌矩阵在当时被称为一支品牌的“梦之队”。杉杉借此向全世界展示其大手笔的雄心，以鲜明的形象阐述 21 世纪的杉杉集团“多品牌、国际化”的实践成果和经营理念。

图2-17　2005年CHIC“杉杉专馆”

对此，杉杉创始人郑永刚如此诠释：“这是中国服装业将来的发展方向和目标，国际化是一个发展的趋势，多品牌，主要是要面对消费者，因为消费者越来越追求个性的发展，这是需要服务的，因为我们服装业、时尚业是以消费者为上帝，消费者才是我们真正的上帝，我们要把时尚提供进去，应该是多品牌，让它有更多的选择，有更多的个性化选择。国际化品牌最终也是面对消费者，因此在国际化运行之中，我们渐渐提升了经营方式，加强对品牌的引导、时尚潮流的设计，中国服装走向国际，不仅仅是我们已经走上国际，将来的品牌意识要融入国际，要设计品牌文化，要有国际化的理念，这样才能更加面向世界。”

同年，郑永刚从“2003—2004 年中国服装年度大奖”颁奖晚会现场捧回了“中国服装品牌策划大奖”和“中国服装品牌成就大奖”，成为杉杉服装运营成果的最佳注脚。这一年，杉杉作为一个中国服装业内的领军品牌正值“16 岁的花季”。

而到了 2007 年，杉杉的另一举动又开始引起世人关注。这一年，杉杉做东，将中国服装年会放在了宁波，并借着这个机会，力图以“产业联盟”的方式来促进整个中国服装业的产业格局的整合。

2009 年 2 月，杉杉时尚产业园的乐卡克展示厅里，T 型秀台已经搭起，该品牌 2009 年二季度订货会正在紧张筹备。乐卡克就是很多消费者熟悉的“大公鸡”。2004 年，杉杉集团投资 200 万美元买断了该品牌 15 年的销售权，管理团队与国际对接，设计资源全球共享。2008 年时只有 60 余人运作的这一品牌，纯利润超过 200 万美元。乐卡克是杉杉集团多品牌国际化战略中成功的案例之一，此时的杉杉通过收购、合资等方式，经营着玛珂 · 爱萨尼、鲁比昂姆等 11 个国际著名品牌。“除了两个仍在培育期，其余都已盈利。”郑永刚说，“这说明企业的多品牌国际化战略已经获得了成功。”

回望这十年，杉杉并非一腔孤勇，“多品牌、国际化”的战略战术是很多企业不约而同的选择，例如太平鸟。

太平鸟集团是中国最早倡导休闲服饰概念的企业之一，站在这个时间节点上，已经累积了 10 年，连续 5 年位居全国服装企业百强中上，全国民营企业 500 强。

2001 年，太平鸟喜获首届“中国名牌”称号，太平鸟时尚休闲服饰被评为全国消费者最喜爱休闲品牌第三名。

2002 年，太平鸟实施品牌多元化升级战略，针对不同消费群体和消费文化的品牌群落，开发形成了国际品牌米拉吉奥、都市高档商务休闲服 PB、中档时尚休闲服 Peacebird・太平鸟、新型超市产品贝斯宝、都市职业女性 Office 太平鸟时尚女装、LEDiN 乐町少女装等，这些品牌与全新品牌定位后的太平鸟男装品牌一起，构成独具特色与竞争力的“时尚矩阵”，逐步勾勒出张江平“梯度品牌”策略的轮廓。与此同时，太平鸟充分学习并借鉴国际快时尚巨头思路，创造出属于自己的快时尚节奏。高频次上新是太平鸟的一个重要特点，其全品牌年均开发新品超过 8000 款。同时，零售门店确保平均每 1—2 周上新一次，采用波段上货的方式，确保门店商品的丰富度和时尚度。

不仅如此，太平鸟深度培育这些时尚品牌。让品牌从文化、精神、知识、情感层面进一步提升，提炼其主题，丰富其内涵。以知识经济趋势、生活方式演进为导向，着眼于体现现代社会发展方向，现代人价值取向，先进观念、健康个性的发挥，从适应，到满足，到代表现代社会、现代人对美的追求和文化表现、精神风貌展示，共同铸就太平鸟的时尚品牌，在当时“争创中国第一时尚品牌”。

经过多方的探索和努力，太平鸟时尚休闲品牌运营也成为当时全国有影响力的特色模式。2004 年，太平鸟再次获“中国名牌”称号，并成为“2004 年中国青年最喜爱的服装品牌”。2005 年，品牌价值评估为 31481 万元，成为服装百强企业（销售第 21 名、利税第 30 名）。而后，“宁波太平鸟投资集团有限公司”变更为“太平鸟集团有限公司”，太平鸟商标成为“中国驰名”商标。2007 年，太平鸟荣获中国服装品牌年度大奖——创新大奖，太平鸟也再次被评为“中国名牌”。

这一年，同样收获傲人成绩的还有森马。创办 10 余年的森马，已拥有 5 个全资子公司、8 个分公司和“森马”“巴拉巴拉”两大在线品牌。主打产品已从最初的 5 个系列 300 来个品种发展到 38 大系列 5600 多个品种，专卖连锁网点从最初 20 家到 3600 多家，并延伸到俄罗斯、越南等周边国家，企业销售额已从创建时的 1790 多万元上升到 2007 年的 40 亿元，销售业绩每年都以平均 55% 的速度增长。

森马的延伸战略构想是在 2001 年 10 月向外界宣布——创立巴拉巴拉童装品牌，举起向国内童装市场进军的大旗。

2002 年 1 月 8 日，森马童装有限公司正式成立，创立巴拉巴拉时尚都市童装，拉开了森马品牌战略延伸的发展序幕。

邱光和回忆：“自 1996 年企业成立以来，森马经历了多个重要的转型。第一就是在 2002 年启动多品牌战略，创立了童装品牌‘巴拉巴拉’。当时的童装市场因为规模小还没有引发太多企业的重视，并且当时中国还没有出现叫得响的童装品牌，再加上随着中国人口结构从‘橄榄型’朝‘哑铃型’转变，我们预判到未来儿童的数量一定会不断增加，因此，我们积极通过品牌延伸创立了童装品牌巴拉巴拉。通过多年的发展，巴拉巴拉品牌已经成为国内童装行业的龙头品牌，市场占有率常年稳居全国第一，亚洲第一。”

“惊人的成长速度，使巴拉巴拉成功改变了中国童装的格局，也使人们对其寄予无限希望。”2008 年 3 月，中国服装品牌年度大奖大赛组委会对巴拉巴拉如是评价。同年，8 月 18 日的全国代理商大会上，邱光和向外界宣布了第三个子品牌的面世——卡普若（Kaporal）法国牛仔休闲品牌。休闲服领域里的驰骋，品牌战略的延伸，让森马成功找到新的增长点……

谈及多品牌发展战略，邱光和表示，随着消费者需求的多样化和个性化，单一品牌很难满足所有消费者的需求。因此，森马采取了多品牌战略，来覆盖更广泛的市场和消费群体。森马通过多品牌战略，一方面对市场进行了细分，每个品牌都有其独特的市场定位和目标消费群体。另一方面有助于分散市场风险，同时使得森马能够更有效地分配和利用资源，包括设计、生产、营销等。

“站在今天回望过去，我认为森马的多品牌战略是成功的。一是它帮助公司在竞争激烈的服装市场中保持了持续的增长和发展。二是促使森马不断进行产品和营销创新，以适应不断变化的市场需求。三是为森马积累了宝贵的多品牌管理经验，为公司的长远发展奠定了基础。尽管取得了成就，但多品牌战略也带来了管理上的复杂性，需要森马不断优化管理结构和运营效率，以应对未来的市场挑战。”

二、单品类，专业化之路

当“多品牌”成为众多企业寻求变革、接轨国际的战略，也有人做出了完全不同的选择——李如成和他的雅戈尔选择了一条专业化发展之路。

也是在 2001 年，李如成决定向服装产业上游延伸，打造产业链，进军纺织面料。别人在“瘦身”，雅戈尔却在“增肥”，上游生产面料、中游制造服装、下游自组销售。杉杉和雅戈尔，被称为这一时期中国服装品牌经营的 AB 面。

雅戈尔在专业化战略中一个重要的动作是在 2002 年投入 1 亿美元建设雅戈尔纺织城。虽然这个项目在当时一直备受瞩目并遭受多方质疑，但 2003 年 9 月，投资 3000 万美元的雅戈尔日中纺织印染有限公司在这里一炮打响，首批色织面料下机。日清纺、伊藤忠、香港新马等公司纷纷下单，开出了外贸的第一单。宁波本地外贸公司也开始迅速跟进。欧美服装企业如 Polo、玛莎（英国）的生产制造商等相继派人员考察、评估，对日中纺现有设备、生产周期和生产能力表示相当有信心，部分企业甚至在考察结束后便直接下单。于是，从棉花开始，雅戈尔完全在自己的手掌心内完成了纺织服装整个产业链的过程。

自此，雅戈尔实实在在地进一步巩固了自身的专业化姿态。

向“上游”取水控制成本，进一步扩大利润空间，李如成投资建设了雅戈尔纺织城。他认为最根本的还是要找一条自己独创的路。因为服装的模仿很快，但是面料的模仿要有一个阶段。“当雅戈尔生产和销售都达到一定的水平，面料瓶颈开始显现的时候，产业链的整合就迫在眉睫了。”李如成说，“服装业的加工能力已经具备，卡就卡在面料上。解决这个问题，将促进整个产业的发展。在国内生产正装的企业中雅戈尔一直能保持增长，只有拥有自己的面料企业才可以巩固这种优势。”

掌控“下游”渠道，将销售渠道牢牢掌握在自己手中，是雅戈尔拓展服装产业下游产业链的重要一环。根据李如成的思路，当时的雅戈尔不但是生产企业，还是流通企业。从面料到成衣到贸易销售的一条完整的产业链形成（图2-18）。这条产业链带给雅戈尔的不仅仅是产品优势，还有灵活的市场反应和更多的国际合作机会。当时国外的品牌厂商在雅戈尔下单，就可以享受到“一条龙”服务，产品的品质和交货日期都有保障。当时雅戈尔为很多国际一线品牌做代工，85%的面料供应外贸。

时间来到2008年刚刚开年，新华社发布的一则消息震惊了整个中国服装界：“我国纺织服装业巨子雅戈尔集团近日完成了与美国Kellwood公司关于香港新马集团资产清单的交割手续。据悉，

图2-18 雅戈尔上游纺织城、中游服装城、下游旗舰店的格局成型

本次并购交易金额 1.2 亿美元，为迄今我国纺织服装行业最大的海外并购。”

此消息一经公布，有业内权威人士认为，这不仅是中国服饰业迄今（2008 年）最大规模的海外并购案，也是中国企业最具潜力的一次海外并购。Kellwood 公司是美国上市公司，为美国五大服装巨头之一，旗下男装业务以新马集团为主体，业务内容包括对世界级品牌的代工业务生产、美国国内销售、服装设计以及相应的物流配送体系。此次并购，雅戈尔以 1.2 亿美元的净资产价格购入，雅戈尔集团得到的是分布在斯里兰卡、菲律宾等地的 14 家生产基地。李如成说，拥有东南亚的生产基地将有利于雅戈尔规避汇率风险和贸易壁垒。“并购完成后，我们是全世界第一家从种棉花到织布，到物流，再到销售，覆盖全产业链的服装企业。”

李如成介绍，并购完成后，雅戈尔在国内外拥有 4.3 万名员工，年生产加工能力达 8000 万件，可成为世界上最大的服装生产企业。此外，雅戈尔还得到了 20 多个知名品牌的 ODM（原始设计制造商）加工业务等。这无疑大大完善了雅戈尔的产业链条和在全球的布局。新马集团九成的产品在美国市场销售，这对当时尚未真正打入美国市场的雅戈尔来说是很好的补充。

在全产业链覆盖的基础上，雅戈尔开始了品牌细分的进程。不过李如成坚守雅戈尔品牌，即使品牌细分，也不离“雅戈尔”左右，细分后拥有金、蓝、绿三个雅戈尔品牌。“金标”（Mayor Youngor）主打 40 岁至 55 岁的行政公务人员，款式内敛、注重细节；“蓝标”（CEO Youngor）面向商务人员，目标消费群体从 35 岁到 40 岁不等，款式时尚大方；而“绿标”（Green Youngor）系列定位在年轻时尚的消费群体，裁剪合体、领子窄而细，紧跟时尚。

2008 年，开展专业化战略不足 10 年，雅戈尔迈向从市场占有率提升向品牌提升的新征程。

如果我们把视角拉到现在，往回看，可以发现一个有趣的事儿——近在咫尺的杉杉和雅戈尔走了两条截然不同的路，但远在温州的沈应琴却与李如成做出了同样的选择。

沈应琴是乔顿的董事长。早在 2000 年 12 月，乔顿投资 5500 万元，建筑总面积 17000 多平方米的乔顿工业园二期工程开工，于 2002 年 5 月竣工投入使用，园区面积达 3 万多平方米，形成现代化乔顿工业园，年产高档西服能力增至 60 万套。

沈应琴说："2001 年，为打响乔顿品牌知名度，我们邀请当时热播电视剧《射雕英雄传》的黄日华来代言，黄日华良好的精英形象也很适合乔顿，并且连续五年在中央电视台进行品牌推广，冠名赞助《开心辞典》栏目。我们渐渐发现，中国的人口红利在逐渐消失，人工成本越来越高，要想不被市场牵着鼻子走，实现企业的长远发展，我们必须加大培育自己的品牌。"

2006 年后，乔顿进入飞速发展阶段。乔顿进入以"塑造品牌风格"为主的品牌培育期。这一阶段强化自主产品设计，在市场中确立乔顿品牌风格。从这一年起，乔顿花重金提升设备、聘用人才。建有四条国际先进水平的现代化西服生产流水线。从韩国聘请设计师、从意大利聘请工艺师，乔顿在制服订制方面也积累了丰富的专业经验，拥有服装设计开发中心和专业裁衣技师队伍以及专业量体人员，坚持用品质为企业产品代言，先后荣获中国驰名商标、中国服装品牌年度大奖"品质大奖"、中国西服（衬衫）十强企业。

2008年乔顿创立了省级企业技术中心，公司是中国服装标准化委员会、浙江省标准化研究院委员，参与起草了“GB/T 2664—2017男西服、大衣”国家标准，主导起草了“浙江制造标准”。乔顿技术中心被认定为浙江省级企业技术中心。

“从业三十余年，只做一件事，一件西服。在企业发展的过程中，从始至终坚持做服装领域的生意，稳扎稳打，成就业内良心。”沈应琴直到现在也非常自豪。

同样持续深耕的还有史利英的培罗成。虽然2001年时，史利英退居二线，她为培罗成制定的策略和谋略，依然在推动公司的发展。培罗成在全国首创“店铺定做”，到2005年已建立量体裁衣的专业服务管理体系，有一个200多名员工的量体队伍。顾客趋之若鹜，生意火爆。史利英还把量体裁衣业务做到职业装需求的团体、单位里去。培罗成量体人员长年奔波在全国各地，给单位、团体里的工作人员量体。

史利英还进一步完善了“精工、精心、精细、精确”一套完整的名牌工艺生产管理体系，使培罗成的产品既具有红帮裁缝手工工艺的精华成分，同时也融合进现代制作工艺的再创造。在拓展国内市场的同时，不失时机打入国际市场。当时史利英舍得花钱，投资了1500万元，专门用于培罗成服装的出口业务，建成二条高档生产线。2005年已累计出口10多万套到法国、荷兰、意大利等欧盟国家，为国家创税，为公司创利。

史利英作出决策，投资1亿元打造江西九江彭泽县钓鱼台工业区，项目分三期建设。2006年10月开始土建工程，在彭泽县各个部门积极配合下，土建工程顺利完成，到2009年1月公司正式投入生产。这个项目也标志着培罗成的深耕更上一个新台阶。

三、资本运作，上市扩张

有人坚守是单纯的执着，有人坚守是为了在更好的时机突破。2008年，周成建打破了自己专注了13年的单品牌运作，推出全新高端品牌“Me&City”。但是，“Me&City”也没有完全占据美特斯邦威的2008，更让人记忆犹新的是，美特斯邦威上市了！

2008年8月28日上午9点25分，深圳证券交易所的钟声敲响了，美特斯邦威迎来了不寻常的一刻。

美邦服饰的首次公开发行股票（IPO）进程也算是水到渠成。首先，良好的业绩支撑为美特斯邦威跻身中小板上市提供了具有说服力的舆论外围。财报显示，美特斯邦威2007年实现销售收入31.57亿元，利润总额4.33亿元，毛利率达38.84%，高于服装业上市公司34.39%的平均水平。一般而言，服装企业市场份额很难达到1%，而美特斯邦威的市场份额达到0.95%，在国内12家主要休闲服饰企业中排第一。

其次，较为稳定的现金流使得美特斯邦威脱离了上市“圈钱”的嫌疑。作为一家服装企业，美特斯邦威在上市前的融资渠道比较单一，只是依靠银行信贷扩充资金，当时其银行存款4.7亿元，流动资金约达13亿元，可见，其上市融资主要为满足扩张需求。

对于大多数上市公司而言，融资渠道一旦解决，“花钱”就成了比“赚钱”更有技术含量的环节。而周成建早就计划好了如何“花钱”。上市融资到的14亿元，其中85%主要用于建设68家1400平方米以上的旗舰店和形象店。其中，31家为直营旗舰店和直营形象店，37家为加盟旗舰店和战略性的加盟形象店。

这些店铺无论是在自身形象和时尚度，还是在区域辐射和影响力上都会有很大的提升。

在周成建看来，“直营”与“加盟”各自肩负不同的使命，美特斯邦威对“直营”与“加盟”平行投入，力求加盟网络与直营网络“平衡”发展。这样，美邦“直营”与“加盟”的形式扩张，直接演变为对自身“质量”与“速度”的把控。

就在美特斯邦威敲钟之际，报喜鸟刚刚过完上市一周年的“生日”。

2007 年 8 月 16 日，报喜鸟在深交所中小企业板成功挂牌上市，成为温州鞋服行业第一家上市公司，也是温州第一家上市的消费品品牌公司。争取上市是报喜鸟彻底褪掉家族企业色彩、树立现代企业形象，做大企业的一次蜕变机会。为谋求上市，2001 年报喜鸟就成立股份公司并在同年快速完成了股份制改造。

上市后，报喜鸟陆续开设了 15 家直营店景观店和 11 家直营旗舰店。具有浓郁民族特色的景泰蓝瓷盘、雕刻精致的镂空窗棂、绿意盎然的植物景观，别具匠心地陈设于宽敞的集成大店内，文化与艺术再一次进入报喜鸟的营销理念，中国的消费者也开始真正体悟到：购物也可以是一场高雅的艺术之旅、轻松的时尚之行。

2008 年春夏，报喜鸟在坚持主品牌报喜鸟（SAINT ANGELO）和“高贵、儒雅、精致”的统一品牌理念下，在巩固加强现有商务系列的基础上，成功推出报喜鸟经典系列和时尚品牌 S.ANGELO，彻底颠覆服装原有的纯功能性消费理念，转变为体现个性、生活方式及身份、地位的消费需求，同时使多层次的男装系列产品更趋细化。时尚品牌 S.ANGELO 一经推出，便受到消费者和代理商的青睐追捧，品牌推出仅一年多，就已在全国开设了近百家专卖厅、专卖店，并成功进驻成都西武、北京王府井、合肥百盛、大连大商等主流商场，网点遍布北京、上海、浙江等全国 20 多个省、自治区、直辖市。

在这一时期，企业借助上市进行资本运作，尤以营销网络的扩张为募股投向的主要方向，但也并非全部，还有更多企业力图通过上市的途径在这个瞬息万变的市场寻求新的突破口。例如在 2005 年年底，曾掀起一波内地企业扎堆赴港上市的风潮，位列中国第一大针织服装出口商的申洲就是其中的弄潮儿。

但上市融来的 9 亿港币，申洲国际集团控股有限公司董事长马建荣转手就花光了，他要继续做大，还要做强。马建荣说：“我清楚地记得，只用了一个晚上，我就把当时上市拿到的 9 亿港币全部花了出去。做什么？还是升级设备。”他把厂区里的老旧染色机和织布机全部换成国际上最先进的机器。

重金购买设备投资虽大，但长远来看是节省费用的。例如在印染环节，申洲通过电脑分色仪进行操作可让染色准确率达到 99.9%，而一般的印染企业准确率不到 70%。依靠次品率的降低，一年就能节省 6000 万元。再如 2007 年申洲从意大利和美国引进自动裁床，用料能省 15% 以上，这意味着每天能给企业省下 15 吨布，折算下来也能省不少钱。

先进设备带来的效率，成为申洲诚信的基石。马建荣介绍当时申洲从接受订单到交货能在 15 天内完成。

“大的订单 200 万件，小的订单 4000 件，都能做到 15 天内。我们的接单和交付全部通过网络进行，根本没有别的渠道。我们知道，对于服装行业，时间就是金钱。15 天交付产品，这是一条非常高效的产业链，从纺纱、织布到印染和制衣，所有环节都是完全标准化生产，不允许有半点差池。”

四、制造创新，品牌萌芽

申洲的崛起不仅标志着其自身创新和求变的成功，也象征着整个制造业进入转型升级的节点。通过持续的研发投入和技术创新，申洲展示了制造企业如何通过创新驱动实现持续发展。同时，申洲的崛起也标志着制造品牌意识的觉醒。强大实力赋能下的品牌建设，使得申洲不仅提升了自身的品牌价值，也在国际市场上树立了良好的企业形象。品牌的力量帮助申洲赢得了客户的信任和支持，为进一步拓展市场奠定了坚实的基础。

申洲的故事，是制造品牌在新时代背景下萌芽、成长并走向世界的一个开始。也在这一时期，另一个制造企业，东蒙，迎来了新一代“掌门人”，预示着企业即将开启新时代。

2003 年的一天，父亲要求池慧杰接手东蒙。考虑到父亲创业以来付出的艰辛和心血，以及东蒙近二十年的积累和沉淀所奠定的深厚根基，池慧杰认为东蒙的发展空间十分广阔，大有可为。于是他正式接管东蒙，成了一个二代接班人。

接手企业之后，池慧杰清醒地认识到，公司虽然稳定但缺乏活力和后劲，企业转型是势在必行。通过对行业的了解和判断，结合企业实际情况，池慧杰启动从 OEM 经营模式向高端男装 ODM 的转型。在当时的温州服装业西服企业内，东蒙率先启动了这一步。

面对产品同质化竞争，池慧杰运用“跨界融合”理念，带领团队通过在面料开发、板型工艺、款式设计等方面的创新，于 2004 年在业内首次推出“休闲西服”这一全新的系列产品。

“当时，市场对休闲西服的需求量大，然而，这类产品没有人做，做休闲服的企业又没有正装工艺，做正装的工厂不愿意去做款式有变化的休闲西服，我们将其完美地结合在一起，实现了正装与休闲服的跨界。”池慧杰说，“这个想法吸引了不少一线男装品牌前来合作。从 2004 年到 2007 年，企业增长了 30 倍。”

此后的几年里，东蒙在品类研发上不断推陈出新，相继推出便装、风衣、大衣、西便裤、时尚职业装、精品手工西服等多个高档男装品类，引领了中国高端男装的流行趋势。

在产品创新的同时，东蒙的另一个核心优势在于服务。“东蒙始终贯彻为行业服务和为客户服务为底层逻辑。我们认为，只有当客户的业绩良好，我们的产品才能真正算是成功的。因此，我们不仅关注产品的销售，更注重产品在市场上的表现和客户的盈利情况。在温州，许多贴牌企业可能仅以订货量作为业绩的标准，但我们却会进一步跟踪产品的销售动态和市场接受度。我们相信，只有客户成功，我们才能获得真正的成功。所以我们从研发的角度出发，特别注重提升产品在市场的竞争力。因此，东蒙的产品一经推出，无论是订货还是销售，都名列前茅。”

从 2008 年开始，东蒙投入大量人力、物力，不断优化订单结构、采取打通产业链环节、加强管理等一系列措施，让企业的盈利水平得到了大幅提高，员工增加到了 1800 多人，年产各类高端男装可达百万余套（件），一跃成为国内高端男装 ODM 研发生产的标杆企业。东蒙也成为制造企业中响当当的品牌。

与申洲和东蒙相比，狮丹努走的又是一条完全不一样的路径。

狮丹努很早便开始了对“地瓜经济”的探索，从一开始向国内中西部地区发展，到之后向东南亚拓展。

2001 年，狮丹努成立第一家进出口公司。而后到安徽芜湖成立生产基地，到柬埔寨建设生产基地，企业正式开辟海外生产基地；再到越南建成面料成衣一体化生产基地，在国内国际双拓展战略的指引下，开始了全球化、全产业链的产业布局……

听风先行，早走一步。得益于此，狮丹努即使在市场承压的情况下，依然保持业绩上扬。2010 年，狮丹努就在内部开办了“管理学院”，对特殊工种和设备操作人员进行系统、专业操作技能培训，提高技术人员的专业化水平，全厂近千名员工取得了上岗资格证书，至此，集团内部的千余部设备事故率大大降低，生产效率也提高了 30%。

五、设计“当家”，崭露头角

有人曾说过，“真正的企业家是要能看到前方迷雾中那盏灯的人”。而对于服装行业来说，经历了国际贸易摩擦、人民币升值、金融危机等重重迷雾之后，谁是能看到“明灯”的企业家，谁就能找到前进的方向。设计，就是刘华的那盏明灯，带着红袖破浪前行。同时一批设计师品牌的崛起，也成为 21 世纪前 10 年，浙江服装产业品牌发展进程中，小众却显眼的现象之一。

刘华，中国十佳设计师，1995 年创立红袖女装。

她懂得市场的需求，让女装既是大众消费品，也不失艺术气息。刘华认为，产品的研发环节非常重要，既要有新的流行元素和有特色的细节，同时也一定要建立在满足顾客的实际需求的基础上。所以，必须将廓形与流行及细节完美地结合，这样才能推出热销的产品。

2007 年，红袖创立了一个新的品牌 H.S by Hopeshow，刘华分享：“作为一名设计师，除了原有品牌风格的设计，我们一直希望能为消费者带来更多更好的其他风格的产品。其实每一种风格的服装都展现着一种生活方式，都是对生活的一种理解，只是通过不同的服装语言来表达罢了。我们借鉴了一些意大利服装公司的品牌发展路线，就是在一个品牌下逐渐衍生多个充满显著个性的品牌。”

如果说江南布衣和红袖是凭借风格站稳了市场，那当时应翠剑的COCOON可可尼诞生，又给市场添了一抹个性鲜明的色彩。

应翠剑说：“2001年对我个人而言是一个重要的年份。这一年22岁的我在杭州创立了COCOON可可尼时装品牌，在中国国际时装周的舞台上发布了个人品牌时装秀，也很荣幸受到了很高的肯定，并荣获‘中国十佳服装设计师’称号。”（图2-19）

当在大家都用挺廓的精纺面料做套装的时候，应翠剑另辟蹊径，选取柔软的针织面料做通勤服，瞬间卖出几十万件。在面料市场，应翠剑做什么款，选什么面料，总有人跟风而动。这时有人开始称呼应翠剑为“爆款女王”。“业内有人问我，如何做到总是比别人早一步，找到突破点，抢占市场。我想其中有运气、有眼界、有独特的思考能力，更有一种东西叫作‘相信自己的直觉’。”

时尚是一种文化表达，是时代精神的映射。“在那个变革的年代里，我们学会了包容与创新，既保持自我，又勇于接受新事物，

图2-19　应翠剑作品发布会

这也成了COCOON可可尼品牌一路走来的重要理念和动力源泉。”其实在COCOON可可尼创立的前几年有很多不同的声音，也有合作的客户提出好多建议，希望品牌做出一些别人眼里喜欢的产品，但应翠剑明白，如何坚持做自己和成为更好的自己才是正确的事情。

“那时真的是废寝忘食啊！那时的我没有生活，只有工作，全身心扑在设计每一季的大量时装上。”应翠剑回忆，2006年的一次闭关，一连几天都没有出门，为了即将举办的时装秀，她一直在画稿子。当时的办公室里有一本中国工笔画册，画稿间隙就一直在翻看，直到看到一幅孔雀图，她突然有了灵感，伏案时头脑中已出现了创意和工艺的细节：用真丝压制成细褶后剪成扇形交错层叠，保留毛边的未完成状态，和本身就很精致的面料形成反差……

2006年，中国服装业的“三名工程”已经实施了十年，中国本土的服装品牌已经有好几万个，满大街都是大大小小的服装品牌，百货商场基本上就等同于服装商场。2010年，浙江省服装行业有62个产品被浙江省名牌认定委员会认定为“浙江省名牌产品”，其中新评有6个，复评54个。2010年，浙江省商务厅公布的第三批“浙江出口名牌”中，21家服装、服饰企业名列其中。2010年度服装行业百强企业中，浙江省服装企业有41家榜上有名，成绩继续领先于全国其他省市。分别有31家、33家和26家企业进入全国服装行业“产品销售收入”“利润总额”和“销售利润率”百强。

回首这十年，在品牌经营逐渐走向成熟、走向纵深的过程中，也有一些质疑的声音响起，这些质疑主要集中在服装业以外的“多元化”投资。

例如，2002年底杉杉投资了锂离子电池负极材料项目，2006

年收购了宁波商业银行 1.79 亿股股权，以及陆续开展的稠州银行、金安国纪、宁波新银通、伊利股份、首开股份、哈尔滨松江铜业集团等多项投资项目。例如，雅戈尔在地产、金融、股权投资等各个领域均有所涉及。甚至 2007 年，雅戈尔在资本市场的耀眼表现令人惊叹，一度成为国内 A 股公司持股市值排名第二的企业。

彼时，有声音在尖锐地批判："经过多年的艰苦创业，很多企业已经家大业大，都打起了另外的小算盘，大搞多元化经营。企业家确实会做生意，什么生意好就做什么，服装企业搞房地产开发、做科技产品、跨行业经营——说是多元化经营，其实是'不务正业'。"当然，也有人表示不必太过于担心。

就在众说纷纭中，雅戈尔却有意让 2008 年以展示其对服装主业的雄心开始。这一雄心在若干场合被反复强调，涉及股权投资和房地产业务则言之寥寥。虽然，这些业务在李如成看来是"无心插柳"的结果，但同时这种刻意的回避可以在《中国企业家》杂志报道的《雅戈尔：隐形的翅膀》一文中找到答案："资本市场和房地产市场爆破性的发展，会把企业家引到误区当中去。这是我担心的事。我们曾经的机会与运气不能作为企业的谋生之道来考虑。"

在随后的十多年发展中，这些企业家们在不同时间，不同场合，多次表达要"回归主业"的想法。或许是在经济波动和市场的不断演变中，企业家们逐渐认识到，尽管多元化投资能够带来短期的收益和风险分散，但长期而言，坚守并深耕主业才是企业可持续发展的关键。

或许正如法派的创始人彭星所说："历尽千帆后才发现，只有服装这个主业，只有我们一手打造的这个品牌可以传承，传承给我们的下一代。"

4

第四节 以核心竞争力为刃的破局

回顾这十年，在这个剑舞笙歌的年代，浙江服装产业无时无刻不在以昂扬的姿态，迎接每一次挑战和机遇。WTO对中国的影响是一个持续而漫长的过程，在渐进式变革的中国，从来没有一种变化是旦夕生成的。在这漫长的十年中，浙江服装行业潜心锻造核心竞争力。

采用先进的高速、节能设备提升产品质量、减少单位用工；用信息化和工业化的深度融合，提高产业的快速反应能力和市场掌控能力；科学技术的广泛应用创新了企业运营模式，为产业发展注入活力；加强行业品牌建设，推动行业实施名牌发展战略……

面对全球经济危机、国际贸易壁垒、国际品牌占据高端市场、行业洗牌加剧等，浙江服装行业以强韧的核心竞争力为根基，不畏艰难、勇于革新探索出路，实现产业升级，书写了一段段关于开创、关于奋斗、关于飞跃的故事。

2008年，一部名为《2012》的科幻灾难片占据全球电影票房总冠军。这部电影中有一个话题让人津津乐道，好莱坞导演居然把影片中方舟的制造基地放在中国。中国是全球第一的制造业大国！不在这里，在哪里！

电影落幕，虽然玛雅人预言的世界末日没有到来，但始于2008年的外贸下滑，溅起一片惊呼，宏观经济的增速即将从9%

陡降到6%—7%，“一带一路”倡议引发了种种猜想。还有摆在眼前的，原材料价格疯涨、劳动力短缺、用工成本上升等一系列挑战。环境更复杂、更多变，浙江服装行业要怎样实现下一个突破？

新时代的故事，又从何讲起？

第三章

勇立潮头——变革与奋进（2011—2024年）

A TIME OF CHANGE

波动的经济环境和永恒的商业规律非常直白地告诉世人，所有的成长都必须经历煎熬和历练，但日后的辉煌也将证明，危机是最好的老师。从经济发展进入“新常态”开始，在新一轮发展周期，服装行业经历了前所未有的巨大压力和严峻考验。浙江纺织服装行业承压前行、不懈探索、求新求变、乘势而上，实现工业总产值和营业收入双双破万亿大关，规模居全国首位。浙江省服装行业协会在大变局之中高屋建瓴，链接整合资源，聚焦有效需求，推动产业稳增长、稳预期、谋新局，向着高质量发展的宏伟目标奋勇前行！

1

第一节
新变革推动新发展

时间来到了 2011 年，对浙江服装产业而言这又是一个不容置喙的历史节点。过去“野蛮生长”的岁月里，产业、行业、企业，一切都在恣意伸展、恣意进步，充满了乐观主义的自信，即使失败也仍然迷人。

然而，此刻，新的征程已然开启，一段截然不同的历史篇章正在徐徐展开。

一、大考之下重构优势

这一时期，中国经济进入了中高速增长的新常态发展阶段，国家在经济发展中也越来越强调质量和结构而非速度和规模，经济高质量发展的要求和增速稳中降低，无不在昭示着中国企业发展的宏观市场环境将迎来巨大变化。

消费，在这一时期日益成为中国经济发展的稳定器和压舱石，党的十八大报告也指出，要牢牢把握扩大内需这一战略基点，加快建立扩大消费需求长效机制，释放居民消费潜力。

变化、冲击和压力如泛滥的江水，急速向服装产业涌来。“现在是将各种力量化作能量的时候了！”这是中国服装行业于风急浪高之下的呐喊，中气十足！

在全行业上下撸起袖子攻坚克难的氛围里，浙江服装产业也稳稳地迈出了变革的第一步——顺应市场，不断优化产业布局。

2012年，有一个国际知名品牌发布了两则让人疑惑的消息。它宣称在过去的一年里，在中国新开了1175家分店，中国是全球增长最快的区域市场，但同时，它宣布将关闭在中国的唯一一家自有工厂，把生产线迁移到东南亚。

这是什么操作？实则这两个看似矛盾的消息背后，体现出了2012年中国产业经济的一个新的基本特点：在消费能力不断抬升的同时，制造业的成本优势即将消失殆尽。

于是，一轮低调的新产业转移开始了。浙江服装企业开始布局，从省内到中西部地区，从国内到新兴经济体国家，依据市场配置资源的原则，进行全球资源的配置，逐步实现产业要素的国际化。

这是一个持久的过程。时至今日，全行业依旧在为此努力着，成果斐然。

与产业转移几乎同步的，浙江服装产业协同日趋紧密，一批优势企业依据自愿互补的原则，通过联合、兼并、参股、收购等多种形式，完成了生产要素的优化组合和资源合理配置。延续了企业在21世纪前十年的探索与成就，依托自身的品牌优势，依旧在“一牌多品”“系列化、多层次”和“多品牌”的发展道路上继续狂奔。

例如，乔治白与英国伦敦萨维尔街的CHESTER BARRIE LTD（切斯特·巴雷）签订品牌战略合作协议，获切斯特·巴雷商标独占使用权，拓展国内服装高端定制市场。雅戈尔携手世界顶级面料品牌LANIFICIO F.LLI CERRUTI DAL1881，合力打造旗下高端品牌MAYOR，打造属于中国人自己的定制服饰。

这一时期，还有很多浙江的许多中小企业结合自身的特点，在产品特色和个性化上下功夫，也赢得了较好的经济效益。现在来看，当时的浙江服装行业通过跨界组合和多元化发展，加速了产业链各环节的融合，形成了大企业做强、做优，中小企业做专、做精、做特色的产业生态。赢得产业稳中有进的同时，也为抵御下一波冲击夯实了“地基”。

2014年，浙江服装行业规上企业数2442家，比2011年的1422家增长超70%；2014年规上企业完成主营业务收入2268亿元（表3-1），与2011年的1401.72亿元相比增长约62%；同年年末，浙江全省规模以上服装企业完成产量39.85亿件，占全国同行产量的13.32%；出口总额335.13亿美元，同比增长4.48%，占全国同行业累计出口总额的17.84%，位居全国各省市同行业前列。至此，调整产业结构初显成效。

表3-1 2014年全国及前五位省市服装行业规模以上企业主要经济指标情况表

地区	企业数	主营业务收入（亿元）			利润总额（亿元）		
		金额	同比(%)	占全国比重(%)	金额	同比(%)	占全国比重(%)
全国	15167	20770	8.02	100	1247	10.55	100
江苏省	2520	4116	8.76	19.82	296	23.35	23.76
广东省	2936	3576	6.72	17.22	161	8.81	12.87
浙江省	2442	2268	1.84	10.92	134	10.43	10.72
山东省	1271	2262	10.83	10.89	140	5.91	11.20
福建省	1178	1638	10.38	7.89	128	8.12	10.25

2015 年，在国务院颁布的《关于积极发挥新消费引领作用加快培育形成新供给新动力的指导意见》中指出，我国已进入“消费需求持续增长、消费结构加快升级、消费拉动经济作用明显增强的重要阶段”。

或许正兴奋于消费增长的企业和企业家们也没想到，增长带来的不仅是更大的机遇，还有冲突。

中国的制造产业长期依赖于成本优势，并形成了“价廉物美”的固有模式。中产阶层的消费能力井喷是一个让人措手不及的景象，它对供给侧造成了巨大的错配性压迫。

于此，浙江服装行业开始不断完善和优化产品结构，积极推进个性化定制、柔性化生产，满足多层次、多样化的消费需求，提升产品竞争力，为实现可持续发展争取更多的空间。行业在发展中逐渐从规模、产量竞争转变为品牌、品质以及产品个性化的竞争，服装产业从规模扩张走上价值扩张的道路。

这一时期，有两个下滑的数字，却让人们看到了希望。

第一个是产量。自“十二五”以来，浙江服装行业产量增速下降明显。但产量下滑的同时，浙江服装行业的自主品牌发展迅速，出现了雅戈尔等品牌在国内市场与国际市场同台竞争，以自己的特色确立了市场地位，同时，也有森马、江南布衣等一批品牌走向国际市场，在世界舞台展现浙江服装行业的创造力。这时的多数企业通过整合资本、创意、传播等关联资源，创新有序地推进其品牌系统，逐步增强品牌文化，品牌运行质量和品牌贡献率大幅提升。

第二个是服装出口数量。据统计，2015 年，浙江服装出口数量同比下降达 6.22%。但可喜的是，服装平均出口单价同比提高

4.03%，减缓出口总额的下滑速度。这一切得益于浙江服装企业积极转型升级，不断创新技术水平，提高产品质量，提升产品附加值。同时，许多企业已经从低端的加工制造向更高端的设计制造转型，通过打造自有品牌提升产品竞争力，从设计、生产等多方面入手，推出了自己的原创产品，增加企业的国际竞争力，获得更多的订单和更大的议价权。

在变革的时代承压前行，浙江服装产业在持续优化产业结构，创新能力和内生动力不断增强，新业态、新产品不断涌现，服装产业呈现创新发展的新态势，全行业发展水平依然处于全国同行前列。

二、衍变之下聚力向新

“世界第二，对世界经济增长贡献率超过 30%。”2018 年中国不仅早已是第二大经济体，而且是世界上两个 GDP 超 10 万亿美元的国家之一，中国的经济总量达到美国的 60% 以上，大约是日本、德国、英国的 GDP 之和。

取得这一成绩有赖于进一步深化改革。党的十八届三中全会指出，“使市场在资源配置中起决定性作用”，市场活力更深层次地激发；党的十九大报告则再次强调了这一重大论断。此外，随着供给侧结构性改革、“中国制造 2025”等重大政策措施的实施，中国的经济结构不断优化，经济新动能不断培育，转型升级成效显著。

宏观背景的变化也为企业发展赋予了新的机遇和挑战。在深化改革的日子里，中国服装行业依旧保持着“逆势而进、创新而行”

的奋斗精神，围绕纺织服装行业“科技、时尚、绿色”三大发展方向战略布局，不断加快转型升级的步伐。

浙江服装产业也依旧精神抖擞地冲在改革前线。只是，在奋勇前进的大趋势中，有一个“钉子户”般的难题，一直摆在浙江省服装行业面前——用工。

用工、成本费用的持续上升一直挤压企业的盈利空间。2019 年，浙江服装行业规模以上企业从业人员 40.9 万人，同比下降 5.9%，但职工薪酬总额、管理费用同比分别增长 4.3% 和 3.7%；三费比例达 10.8%，高于全国同行 1.9 个百分点。

劳动力供给结构的调整，使得企业招工难、用工难的问题变得越发突出。这一横亘在产业面前的难题，作为外部环境，正在倒逼着企业对生产、运营、营销全面升级。

这几年，浙江服装行业规模以上企业技术研发费用由 2014 年的 229 亿元提高到 2019 年的 260 亿元，年均增长 3.22%，科技活动经费支出占主营业务收入之比逐年提高。加大设计研发投入力度，强化新材料、新技术、新工艺的创新与运用，在行业中已形成共识。

在科技创新体系建设不断完善的同时，技术成果不断涌现。夏梦、万事利等 6 家企业被工信部授予两化融合管理体系贯标试点企业；森马的服装规模化个性定制智能制造车间新模式应用示范项目、庄吉的服装定制全流程智能制造试点示范项目等 4 个项目被列为 2017 年浙江省智能制造重点项目。此时期，雅戈尔联通了全国唯一的缝制和整烫的西服生产吊挂系统。

与服装行业的勤奋转型相比，中国的互联网经济仍以轻快的步伐在前行。2011 年，互联网的第三个冲击波出现了，这一年也被称为“电商元年”，它开始改变消费者与服务的关系——O2O（Online to Offline），从线上到线下的融合。浙江服装企业的渠道端逐渐步入产品和服务驱动、以消费者为核心的精细化变革阶段，探索着线上、线下渠道融合发展的“新零售”模式。

在随后的几年里，消费升级与技术革新在进一步改变着“新零售”模式。2019 年纺织服装行业电子商务交易总额为 6.69 万亿元，同比增长 12.06%。浙江依托“生产制造产业 + 物流 + 营商环境 + 人才”模式，成为跨境出口企业最为集聚的地区之一。2020 年 8 月，浙江省服装行业协会成立互联网直播电商分会（图 3-1），发挥浙江直播产业优势，推动服装产业转型升级。

浙江省服装行业协会会长冯德虎表示：“浙江服装行业积极拥抱智能制造和两化融合，以提升效率和竞争力，以及深入探索‘新零售’模式等，这些都是浙江服装企业在新质生产力领域的先行

图3-1　互联网直播电商分会成立大会上，浙江省服装行业协会会长冯德虎向互联网直播电商分会会长毛雪波授牌

探索。”

2020 年，面对全球经济的不确定性，中国提出了经济双循环战略，为服装产业的稳定发展提供了政策支持。之后一年，浙江省纺织和服装行业规模以上企业实现工业总产值和营业收入双双破万亿大关，规模居全国首位；实现纺织品服装出口额 822 亿美元，位居全国第一。

2021 年，《中华人民共和国国民经济和社会发展第十四个五年规划和 2035 年远景目标纲要》提出，要“实施领航企业培育工程，实施产业竞争力调查和评价工程，推动制造业产品‘增品种、提品质、创品牌’”。截至 2023 年，浙江省温州、宁波、平湖等 5 个地区以纺织服装特色优势产业城市上榜消费品工业“三品”战略示范城市。

2023 年，也是“一带一路”倡议提出十周年。伴随着中国对外开放进一步深化，我国服装产业一直积极地参与国际合作与竞争，浙江服装行业也在不断优化产业链国际化布局。积极采用新技术构建国际营销网络，并通过跨境电商等新渠道加强海外零售和电商平台建设，打造境内外联动的国际化营销体系。

同时，在国际化合作中，越来越多的品牌企业通过举办国际时装发布秀、海外开设店铺（图 3-2）、跨国并购等形式向全

图3-2　伊芙丽在法国巴黎玛黑店

球化持续发力，拓宽品牌的国际化视野的同时提升了我省服装品牌的国际影响力和竞争力。

这一年，还是绿色发展颇见成效的一年。工信部公布的 2023 年度绿色制造名单中，雅莹和达利丝绸分别列入“绿色供应链管理企业”和“绿色工厂”名单。江南布衣的“零料回收再利用超长款双面呢大衣”上榜中国纺织工业联合会发布的“2023 年度十大类纺织创新产品”绿色低碳产品名单。

冯德虎评价这一时期的浙江服装产业：“基本实现‘十三五’圆满收官和‘十四五’的良好开局。”从 2019—2023 年，全省服装行业规模以上企业完成产量由 31.7 亿件降到 28.7 亿件；工业总产值从 2132.2 亿元增加到 2263.1 亿元，年均增长 1.5%；营业收入从 2074.1 亿元增加到 2291.3 亿元，年均增长 2.50%；出口总额由 304.6 亿美元增加到 341.6 亿美元，年均增长 2.9%，出口额位居全国第一。

在深化改革的过程中，浙江省服装行业协会为促进行业发展务实前行。编制行业发展规划；加强一网一刊信息平台建设；走访全省各地产业集群，与各地行业协（商）会、会员企业积极对接，引导行业平稳发展；组团参展、参访，协助会员企业开拓目标市场；积极开展百强企业、名牌产品、著名商标等的培育、审核、推荐工作，努力提升会员企业的知名度和无形资产含金量。

通过各方共同努力，浙江省服装企业拥有的荣誉称号无论是数量还是质量始终排在全国同行前列。与此同时，协会致力于搭建人才供需平台，帮助会员企业找到合适人才；开展行业培训活动，提升从业人员的职业素养和技术水准。

浙江省服装行业协会秘书长沈茉莉表示，作为价值创造的中坚力量、创新驱动的骨干力量、强国建设的有生力量，产业高技能人才是纺织服装现代化产业体系的根本支撑、关键所在，协会将积极响应“人才强省”战略，整合各方资源，为广大技术人才搭建提升自我的平台，为推动浙江省服装行业高质量发展贡献力量。

为加快专业技术人才队伍的建设，协会举办浙江省十佳服装设计师大赛、中国（浙江）畲族服饰设计展演、中国·平湖服装设计大赛、中国（浙江）民族服饰设计展演（图 3-3）、浙江省十佳服装制版师大赛、浙江景宁民族服饰设计展演等众多赛事，通过大赛锻造技能人才综合实力，推动人才培养和产业发展深度融合。协会连续多年主办的浙江国际时尚周（原杭州国际时尚周）（图 3-4），为提升浙江服装时尚活力赋予了新内容！

浙江服装产业就是一艘驶向未来的大船，途经无数险滩、渡口，但无论是风高浪急还是水波寂静，它都在坚定地向着未来驶去……

图3-3 2024年中国（浙江景宁）畲族服饰设计展演

图3-4 2023AW浙江国际时尚周开幕秀

2

第二节
在变革中不断向上

在不断演进的时代背景下，得益于拥有最优质、最完善的产业链，目前浙江已形成千亿以上产业集群 3 个、百亿以上产业集群 20 余个。中国真丝在嵊州，中国童装看织里，时尚定制看温州，义乌衬衫一路“红”……

在时代变革的步伐中，浙江产业集群已形成深度的或全新的区域特色，2024 年 5 月召开的国务院常务会议明确指出，要把发展先进制造业集群摆到更加突出的位置，在专业化、差异化、特色化上下功夫。浙江也即将启动实施“415X”先进制造业集群培育，打造世界级先进纺织服装集群。

一、嵊州打造中国丝高地

全国闻名的“蚕桑之乡”浙江嵊州，现在是浙江省东中部沿海经济带和甬金高速公路的重要枢纽，也是“中国领带名城”“中国真丝之都”。近年来，嵊州坚持规划引领、创新变革，正加速向“中国丝高地”蝶变跃升。

如今，嵊州领带产量占全球 60% 以上。然而前些年，随着领带用少、桑农渐稀，嵊州蚕丝业也曾陷入瓶颈。过去，嵊州蚕农一直保持“靠天吃饭”的传统生产模式。然而，传统养蚕产业受制于原材料质量、价格、供应不稳定等因素，早已跟不上产业发展的步伐。

2019 年，巴贝集团旗下全资子公司嵊州陌桑高科股份有限公司（以下简称“陌桑高科”）与省农科院合作的全龄人工饲料工厂化养蚕项目实现量产，历时七年攻克了工厂化养蚕的世界性难题（图 3-5）。其革命性的“高密度全龄人工饲料工厂化养蚕技术”荣获国家创新奖项，“高密度全龄人工饲料工厂化养蚕项目”获浙江好项目省级总决赛二等奖。据巴贝集团董事长金耀介绍，这一项目自投产以来，陌桑高科的产能稳步增长，2022 年 3 月投产的二期项目，公司蚕茧总产能达到了 4 万吨，年销售收入超 20 亿元。目前，三期项目正在规划中，达产后产能有望达到 10 万吨。

数据显示，2022 年浙江省发种量 40.76 万张，蚕茧产量 18618 吨。其中陌桑高科发种量 18.9 万张，占比 46.37%；蚕茧生产量 6062 吨，占比 32.56%。如今，陌桑高科的工厂化养蚕，从喂养生产、采茧，到生产设备、器具清洗全部实现了自动化；蚕丝生产体系，集成了品种、饲料、生产工艺、防病体系、环境控制、人工智能等多项创新技术，彻底摆脱了传统养蚕对季节、气候的依赖，带来更高生产效率、更稳定的蚕茧质量。经国家权威机构检测，蚕丝质量达到国家标准 5A 乃至6A 的最高等级，相比传统养蚕产业 3A 的品质有很大提升。

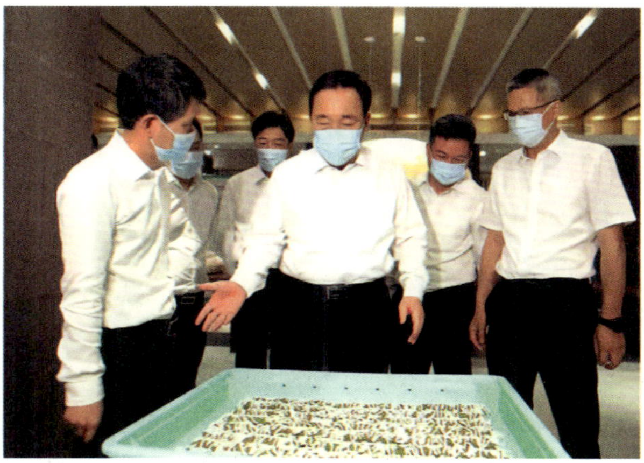

图3-5　2022年6月1日，浙江省委副书记、省长王浩调研巴贝集团陌桑高科工厂化养蚕项目。王浩省长对工厂化养蚕的科研成果给予了充分的肯定，希望其持续创新，铸百年企业，为打造“中国丝高地”、为我国蚕桑产业继续保持国际领先地位和可持续发展做出更大的贡献

2023年，浙江省全龄人工饲料养蚕产蚕约1.47万吨，同比扩大一倍，占全省蚕茧总产量的58.37%，基本扭转了连续十多年蚕茧产量下滑的局面。工厂化养蚕成功后，200个工人一年的产量，相当于农村10万个农户养的蚕茧产量。嵊州的工厂化养蚕模式不仅颠覆了几千年传统养蚕模式的技术，将工业化手段植入农业化经营，更是实现了蚕、桑分离，为传统农业转型升级、推进产业跨界发展探索出了一条全新之路。

在业界有这样一个说法，世界每三条领带，就有两条来自嵊州。而今的嵊州，拥有领带专业生产企业2000多家，2021年规模以上企业41家，规模以上企业领带工业总产值25.26亿元，占全市4.65%，规模以上企业年产领带3亿条，出口1.6亿条，产值超100亿元，远销90多个国家和地区。

近年来，嵊州大力推进“电商换市”，努力转变营销方式。雅士林、巴贝等领带服饰企业通过举办丝品花型设计大赛、推行电商交易等措施，加大了“嵊州领带”区域名牌推广力度（图3-6）。

图3-6 “中国领带名城”杯第十二届国际丝品花型设计大赛将赛事由国内提升为国际大赛

2015 年，嵊州还先后投入近 23 亿元，用于上游整合、设计研发、技术攻关等项目建设，研发总投入约占集群销售总收入的 3.2%。为助力企业创牌争效、提升行业话语权，2017 年，浙江制造《通用领带》标准正式发布。该标准由嵊州市领带行业协会和巴贝、雅士林、麦地郎、加佳、仟代、艾利特、达亿 7 家企业共同起草。

2022 年，嵊州市再次被中国纺织工业联合会、中国服装协会授予“中国领带名城”荣誉称号。目前嵊州全市有超过三分之一的领带企业，正在向家纺、服装等产业拓展延伸。“巴贝”的家纺、“加佳”的针织、“鑫利达”的内衣、“麦地郎”的丝巾和围巾，一些领带生产企业坚守领带主业的同时，其生产的针织服装占全部产值的比重超过一半，成功开发出第二、第三曲线。

现在的嵊州，正在紧抓“一带一路”发展机遇，锚定打造“中国丝高地”目标，持之以恒强龙头、补链条、抓创新、创品牌、拓市场，打造可借鉴、可复制、可推广的“嵊州样板”。

二、织里织就富裕画卷

作为中国百强镇、浙江省小城市培育试点镇，当下的织里，已成为浙江经济、产业、市场的金名片之一，经过产业多年发展实现了织里童装企业的共同富裕。2019 年 12 月，织里荣获全国乡村治理示范乡镇，织里之治，是乡村之治、社会之治，其根基是“共富之治”。全民参与的创富画卷，决定了无数个织里小镇的富裕，也决定了浙江共同富裕先行示范的最坚实基础。

现下，我国经营含童装产品的公司最多地区集中在浙江、广东、河南、山东等地。其中，浙江地区童装企业总量达到了 89000 家，而湖州位居浙江全省第一，达 28000 家，其中织里占去一半之多。进入 21 世纪后，织里童装区域品牌经过多次转型升级，在全国同行业中进一步确立了产业优势。

2018 年，织里镇童装企业注册商标达 2700 余个，全镇童装类企业 13000 余家，从业约 25 万人，拥有省级以上品牌 13 个，市级品牌 60 个，其中浙江省著名商标 12 件，浙江省名牌产品 1 家，浙江省知名商号 1 家；湖州市著名商标 365 件，湖州市名牌产品 24 家。2018 年全年生产销售童装 14 亿件（套），销售额 550 亿元，占国内童装市场约一半份额。织里童装产量和市场占有率连续十年保持全国首位，享有“中国童装之都”美誉。

2019 年，织里再次以设计为切入点，中国（织里）童装设计中心在这一时期开始发力。2019 年，中心设计开发童装款式 3.2 万件（套），投入生产款式 2.7 万件（套），发布流行资讯 70 万条，入驻设计工作室实现产值 3600 余万元，为织里童装企业增加产值 6.7 亿元。织里童装设计中心以平台带动产业发展业绩，以设计驱动童装产业转型升级，推动织里童装真正实现从“织里童装 + 织里制造”向“织里品牌 + 织里创造”转变。这一年，设计中心登榜由中华人民共和国工业和信息化部发布的《纺织服装创意设计试点园区（平台）名单》（第四批），标志着织里童装品牌升级迎来新的里程碑时刻。

首届中国 · 织里童装时尚周在此时应运而生，中国童装品牌运营中心开业，国家面料中心织里分中心、亚洲时尚色彩联盟授牌，织里童装联盟成立，织里聚焦童装产业经济新动能，发挥智能制造和时尚设计功能，实现科技赋能、数据赋能，进一步提升童装产业转型升级和行业话语权，使“健康、时尚、幸福”成为织里童装原产地名片（图3-7）。

自2020年以来，织里打造了2000多间网红直播间，数字童装品牌的成效十分显著。2022年服装（童装）“产业大脑”正式上线。“借助‘产业大脑’，我们有效破解了全国有合作关系的130多家童装生产基地的产能调配难题。”织里镇的湖州男生女生品牌管理有限公司负责人柯文化说。作为“产业大脑”首批入驻的2619家企业之一，“男生女生”率先迈开了智造步伐，入驻平台仅两个月就完成童装268万件（套），同比增长20%。

大订单赶不及，小订单不够吃，这曾经是织里童装企业面对跨区域协调不及时或盲目调配的普遍尴尬境地。借助“产业大脑”，童装产业链上量大面广的小微企业也焕发新活力，即便在临近春节工厂最忙的时候，小微企业也能淡定地在“产业大脑”协同制造场景接订单。

2022年，织里成为全年童装销售额超700亿元、线上交易额突破250亿元的产业大镇，企业达到14000家，电商企业8000家，

图3-7 智能化童装生产车间

年产童装15亿件（套），童装类的汉服、泳衣、旗袍、瑜伽服等占到了20%，且这个比例正在持续上升。

蒸蒸日上的织里童装，不仅吸引了国内各大童装批发商蜂拥而至，许多海外市场订单也纷至沓来。国际市场对童装的功能性、舒适性、安全性有着更高的要求，利润也相对可观，如今童装企业通过改良材料、加强设计、扩充渠道，已经将出口市场从东南亚扩展到欧洲、北美、中东地区。

当中文订单被翻译为英语、西班牙语、俄语、阿拉伯语等更多语种时，曾经陌生的海外童装市场也开始变得熟悉，为了再度扩大销路，许多织里企业与全球100余位主播合作，在跨境电商平台进行直播。产销两旺，形势大好。

三、时尚定制看温州

进入新的时间节点，温州仍是中国民营经济的热土。2010年，全国服装市场经历了批发、快消、电商、国潮等消费冲击，温州服装追赶潮流，学习深筑品牌，发展细分赛道。

“一件衣服，款式相似，很快就被取代了。” 温州市服装商会会长池慧杰介绍，温州不少服装企业兴起了“时尚定制”，报喜鸟转型做定制西装、乔顿拓展定制校服市场……

个性化定制催生了温州服装行业新车间、新效益、新生态。定制品牌、私人定制、定制工厂、职业装和定制面辅料企业，温州服装全方位覆盖定制上下游领域，“时尚定制看温州”已成为业内共识。

“中国服装时尚定制示范基地”“中国男装名城”“中国休

闲名城”“中国针织名城”“中国纺织服装品牌中心”，这些国字头的名称既是温州服装产业的里程碑，也是对温州服装产业最好的嘉奖。2017 年 5 月，首个“中国服装时尚定制示范基地”落户温州，为温州服装全品类时尚定制走出去提供契机和平台。

2018 年，以“时尚定制”为主题的温州时尚定制展在中国国际服装服饰博览会亮相，累计参展企业 300 余家，接待专业观众超 20 万人次。2019 年，30 余家代表性企业入驻永不落幕的时尚定制展厅，涵盖温州时尚定制全产业链。如今，温州定制西服占全国 90% 以上市场份额，高端西服产量占半壁江山。

2023 年，温州服装行业在全球经济增长进一步放缓的态势下，依然成绩不俗，规模以上企业数量达 233 家，产值 311 亿元，同比增速 2.1%，服装业税收同比增长 11.7%。

“巴黎到温州只有两天距离。”这句形容温州人走在潮流前线、温州时尚产业与世界接轨的俗语，在新时代下又有了新注脚。

2024 年上半年，温州在时尚产业领域连续发布三个发展规划，把重塑时尚产业体系划为温州产业强城的关键课题。温州提出了一种不同以往的“大设计”观，即加快平台化设计应用普及，推广应用众包设计、协同设计、云设计、用户参与设计等新模式。其中，推动“设计 +AI”的双向赋能、打造人工智能时尚设计平台成为重要方向。眼下，温州还在引导产业跨行协作。以鞋服、眼镜等时尚穿戴行业为重点，鼓励企业联动开发品类、款式、色彩风格相协调的“穿戴一身”组合。在报喜鸟和康奈的部分店铺，已实现了整套形象定制、产品同步售卖。

目前，温州已经拥有服装企业 2000 多家，年产值超 360 亿元，拥有中国驰名商标 3 个、中国名牌 5 个、浙江省著名商标 21 个、省名牌16个，还有市知名商标和名牌56个、国家免检产品11个，服装产品品种齐全，产业集聚优势明显。

温州有属于自己的“广交会”，地点就在温州火车南站以东的温州大象城。

自2013年响应温商回归号召以来，大象城扎根瓯海高铁新城，历经十余年的发展沉淀，形成产业生态闭环，真正成为推动温州服装行业发展的产业链平台。这里集服装面辅料市场、研发设计、电商服务于一体，旨在打造温州高档、专业、全面的服装产业链中心，构建时尚产业生态体系，始终致力于推动内外温州服装人集聚发展，推动温州服装高质量发展。

四、宁波“外向”拓蓝海

得益于扎实的产业基础、外向型经济优势、得天独厚的港口条件以及深厚的供应链底蕴，宁波，在新时代聚焦品牌、职业装生态链，吸引了无数技术力量与产业精英汇聚，围绕男女童成衣、行政职业装、行业制服（团服）、职业工装的科技创新与时尚创意，从而孕育出一批优秀的大型服装企业。

宁波服装以男装起家，男装综合实力在全国同类城市一直名列榜首。近20年来，女装品牌经营的理念越来越强，童装品牌也不甘示弱。再看职业装领域，中国服装协会统计数据显示，2022年全国职业装年营收已超过2000亿元，预计2026年将达到3800亿元。在复杂多变的外部环境下，宁波为广大中国服装企业提供了一片能“在不确定中寻找确定”的稳固“蓝海”。

一组数据印证宁波在中国职业装行业的硬核实力——中国职

业装十大领军企业中，雅戈尔赫然在列；中国职业装50强企业中，培罗成、杉杉、爱伊美、博洋服饰、洛兹服饰、金鸟等宁波品牌独占7席；更有一批宁波服装企业争相掘金这片“蓝海”。凯信服饰、松永制衣等企业均是近年来职业装的新生力量，马骑顿、春芽子等童装品牌也开始转变思路，进军校服市场。

如今的职业装品类，早已不限于传统的西装、衬衫、劳动服，而是延伸至冲锋衣、夹克衫、羽绒服等多个领域，萌生出定制化、个性化的需求。面对复杂的市场环境，现在的职业装需要不断探索创新。

近年来，杉杉职业装定制中心团队凭借精细的选材、领先的客户需求分析及设计能力，结合企业职业特征、团队文化、年龄结构、体型特征和穿着习惯等，从服装的色彩、面料、款式、造型和搭配等多方面考虑，为就业者打造富有内涵及品位的职业装，获得各行业领域客户的青睐，全面覆盖中国各行各业的职业装领域。2022年，杉杉在职业装板块的业绩同比增长30%，呈现了强劲的发展势头。

当前，宁波纺织服装行业有大、中、小企业七千余家，其中约六成是外贸出口企业，外贸出口企业以民营中小企业为主。纺织服装商品是宁波主要出口和创汇商品，产品市场覆盖美国、欧盟、日本、东盟、非洲、拉美、中东以及“一带一路”沿线等100多个国家和地区。西服、衬衫、针织服装、梭织服装、纱线等产品具有相当产业规模和一定的竞争优势，在全国同行业居于领先地位。

近年来，随着本地生产成本的不断升高和国际贸易形势变化，龙头企业选择“走出去”已成为趋势。积极推进全球布局，宁波本地企业转移体量占浙江最大，凸显外向型经济特色。

通过参股、控股国际知名品牌，已经有 30 余家企业在东南亚、美国、欧洲、日本、中东、“一带一路”沿线等地建立销售分公司，国际化网络建设步伐不断推进。

同时，供应链向内地转移也成为宁波服装企业的重要转型路径。雅戈尔 2016 年在珲春设立大型服装生产企业，狮丹努 2008 年在安徽南陵县设立分厂，申洲从最初的安徽安庆到衢州设立工厂，培罗成 2007 年江西九江投资设立千亩服饰制造基地……

五、义乌衬衫一路“繁花”

一句“日出江花红胜火”，可谓是义乌服装产业近 40 余年发展的生动写照。

党的十八大以来，从家庭作坊到现代化工业园区，从简单的贴牌生产到拥有自主品牌，义乌服装产业在蜕变。截至 2024 年初，全市共有衬衫制造企业 270 家，产业流水线 497 条。行业规模以上企业 45 家，行业从业人员 5 万人，日产衬衫 52 万余件，约占国内衬衫产量的 12%。2023 年行业规模以上企业工业产值 19.03 亿，主营业务收入 18.23 亿，上缴税金 7148 万元。

尽管全国知名品牌衬衫多在义乌生产，但本地缺少知名自主品牌，这对行业发展构成长期制约。

为了突出重围，义乌市政府及协会积极引导和支持纺织服装产业的升级转型，着力打造公众品牌，将生产集聚优势转化为最大品牌效应。 经历了从创立、培育、高速发展到沉淀的全过程，义乌不但自创品牌和品牌授权经营逐渐增多，还形成了专业化、系列化和外向型等特点，通过技术革新、生产流程优化、数字化转型及新材料革命，行业已步入可持续发展轨道。

以浙江天驰服饰为例，自 1994 年创办以来至今已 30 年。2000 年起进入全国商场百货开设专厅，2009 年开始技术改进，较早采用成衣免烫技术，并进入国内职业装采购市场。2016 年，天驰服饰开始数字化改造，并于 2018 年完成个性化定制数据库建设，建成年产 15 万件衬衫个性化定制生产车间（图 3-8）。目前，企业传承已完成，第二代已顺利接班。

“衬衫之乡”大陈，不仅成为义乌传统优势行业的重要支撑，更华丽转身变为“服饰名镇”，产业链不断延伸壮大，产业领域不断拓宽。

当下，义乌不少服装企业以设备更新、“机器换人”为核心，加快推进传统优势产业进行数字化智能化改造，通过工业互联网、智慧车间等方式成功实现产业转型升级。一股“新”的力量喷薄而出，新质生产力在实践中蓄势，展示出对高质量发展的强劲推动力、支撑力。

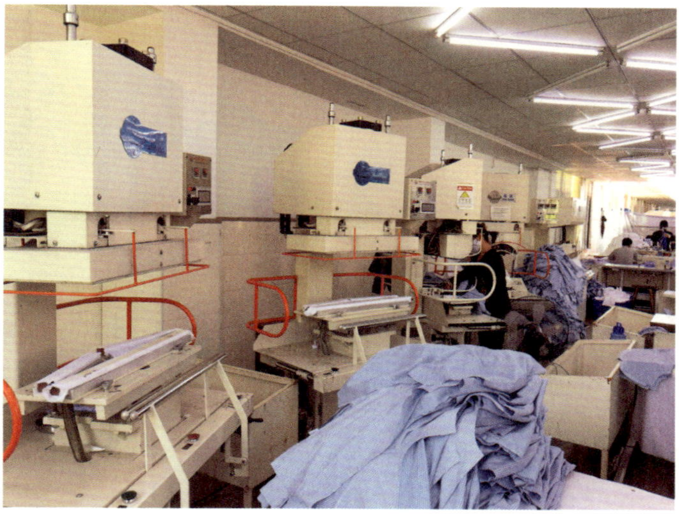

图3-8 浙江天驰服饰生产车间

义乌市服装行业协会会长金洪辉用“健康”一词形容义乌衬衫产业的发展现状：“如果企业的二代、三代能够做得好，做成百年企业也是很正常的。因为这个产业毕竟是老百姓生活所需。这个产业，可以说是一个永不落幕的产业。”

从春天出发，向未来奋进。近年来，义乌市政府积极引导和支持纺织服装产业的升级转型。通过参加中国国际服装服饰博览会（图 3-9）、设立纺织服装创新中心等举措，为本地企业搭建了展示和交流的平台，吸引了国内外众多知名企业和设计师的目光。同时，政府还鼓励企业加强自主研发，提升产品质量，拓展国际市场，使得义乌纺织服装的品质和影响力不断提升。

在国际市场上，无论是非洲的集市，还是欧洲的精品店，都能看到义乌制造的服装。义乌企业通过电子商务平台，更是将产品销售到了世界的每一个角落。在“一带一路”倡议的推动下，义乌积极拓展沿线国家市场，与国际合作伙伴共同开发新的市场空间。2023 年，义乌实施“品牌出海”行动，组织境外经贸团 28 个，招引全球采购商超 100 万人次。

图3-9　义乌市服装行业协会组织企业参加CHIC展

2024 年 7 月，义乌出台《义乌市重点产业链培育工作方案》，将以高端化、数字化、绿色化为主攻方向，培育打造纺织服装等 8 条重点产业链，加快构建具有义乌特色的高能级现代化产业体系。可以预见，在政策的支持下，义乌的衬衫产业即将迎来又一场繁华。

六、海宁时尚无与俦

海宁皮革、马桥经编、许村纺织面料，这是海宁时尚产业享誉全国、走向世界的“三叉戟”，三大产业珠联璧合，全景展示了海宁完整时尚产业链的强大。2023年，海宁时尚产值达到744亿元，从业人员超20万人，彰显出引领未来市场潮流走向的底气（图3-10）。

30年的发展造就了海宁皮革时尚之都、中国皮革业龙头市场

图3-10　2023浙江省服装行业协会七届四次理事会在海宁许村召开，期间还举办了浙江省时尚产业潮企分会

的权威地位，已成为中国皮革服装、皮具箱包、鞋类的集散地，是皮革价格信息、市场行情、流行趋势的发源地。如今的海宁中国皮革城有商户数 8000 余家，年交易总额超 400 亿元，荣登“中国商品市场综合百强榜”“中国功勋市场榜单”，从国内市场走向国际，再走到国际时尚前沿，海宁皮革俨然成为国际皮革行业的时尚风向标，海宁也完成了从“中国皮都”到“时尚潮城”的产业蝶变。

海宁一直将“时尚”和“设计”作为提质升级的主要着力点，一马当先亮出了“海宁设计”金名片。目前，海宁时尚企业中拥有专职设计师已占到 70% 以上，设计师、打版师等专职设计人员近万人，全国 60% 以上的新款皮装都是出自海宁设计。海宁不仅有 10 余名“中国十佳时装设计师”、2 名“金顶奖”获得者、1000 多名专职设计人员，近年通过产教融合，更是为海宁乃至全国皮革企业输送了大量设计人才。同时，在数字经济大潮中，皮革时尚产业经过持续不断培育，营造了线上线下数智化发展的良好氛围。线上线下交易渠道一体，产业服务也在一体化赋能，全面加速产业升级。

就在皮革产业不断向外拓展之时，许村以国风面料为爆点，异军突起。

相较全国其他服装产业集群，许村镇显得尤为年轻，整个许村镇地域面积 91.6 平方公里，常住人口 35 万。海宁市许村镇服装行业协会 / 海宁市许村镇时尚产业新生代联合会秘书长费玲介绍，自 2016 年乔司大大小小纺织企业涌入许村后，2023 年许村镇服装行业协会挂牌成立，成为国内第 65 个服饰产业集群地，也是唯一集纺织面料、服装生产供应链为一体的集成化产业链集群地，有着先进纺织设备、过硬纺织技术、完整的产销体系。

当前，许村现有家纺面料企业 1.3 万家，产业从业人员多达 20 万人、拥有生产设备 12 万台，年产能可绕地球赤道 70 圈，其中装饰布年产量为 19.71 亿米，沙发布年产量为 9.34 亿米，织锦缎年产量为 0.88 亿米，销售覆盖 40 多个国家和地区，年产值超 200 亿元。

进入新时期，许村家纺继续发挥敢闯、敢干、敢拼的精神，以科技拓空间，以创意促升级，新型工业化建设别开生面，步履坚定。始建于 1992 年的海宁中国家纺城如今已入驻经营企业近 3000 家，市场年成交额超百亿元，产品远销海内外，是目前中国具有较高行业知名度、影响力的家纺布艺专业市场。

抓住国潮风口，许村日产中式服装面料超 20 万米，而说到非遗、国风，恐怕没有哪个服装单品能与马面裙匹敌。以马面裙为代表的国风热潮席卷世界，许村正是中国马面裙的重要产销基地，这很大程度得益于海宁高品质出产的提花面料，先进纺织设备、过硬纺织技术、完整产销体系等优势的积累，这都是上乘提花面料不可缺少的生产要素。

一花独放不是春，海宁产业正在走向大面料、大时装产业时代。产业集群强强联手，正是“时尚潮城”抢抓新一轮发展机遇的最强姿态。

七、平湖寻向产业链深处

20 年间，平湖逐渐打下“世界百件衣，平湖有其一”的供应链江山。

2011 年，平湖·中国服装城建成，占地 139 亩，总建筑面积 14.5 万平方米。大部分企业都拥有自己的研发生产线，客商在服装城看好款式，大多数就在平湖完成了生产配套，不少档口也有自己的合作制造商。当时，结合平湖当地外贸工厂多的情况，服装城将市场 A 区打造成服装外贸尾单交易区，交易区面积仅 7500 平方米，入驻服装批发商家数量有限。后来，管理层逐渐意识到全品类市场同质化非常严重，走差异化的单品类才是未来。

2014 年，坚守的商户们发现，相比于其他服装，羽绒服更受欢迎，性价比也更高，于是越来越多的商户聚焦羽绒服产业。

2015 年，服装城全新定位为“中国羽绒城”，全面形成了以羽绒服装为特色的产业集聚区，依托这一服装批发市场为载体和窗口，平湖羽绒服产品在众多服装品类中脱颖而出，销售呈现爆发式增长，成为平湖极具特色的服装产品，不到几年时间已形成规模效应。

发展原创设计，由单一的制造工厂转变为“品牌 + 工厂”模式，是每个产业集群都要面临的转型问题。平湖很早就明白“款式”和“原创能力”在整个产业链中的重要性。2017—2019 年，平湖不断筛选、引进优质原创设计商家主体进驻本地市场，孵化品牌创新企业，引导商户从最初粗放的加工型低价模式，转型成原创引领的品质模式。同期，平湖连续举办中国·平湖服装设计大赛（羽绒类），蓄能原创实力。

现在，平湖全市拥有瑞希 RAXXY、伊佳林等知名品牌 30 余个，自主品牌贸易率超过 40%，其中品牌 Orolay 羽绒服销量跻身亚马逊平台服装畅销榜，瑞希 RAXXY 以独一无二数学先锋理念创作的全新时装剑指全球奢侈品梯队，亮相米兰国际时装周官方日程（图3-11）。

图3-11　瑞希RAXXY在米兰时装周举办发布会

截至2022年，中国羽绒城羽绒服年出货量近1.5亿件，市场内直接就业人口达1万人以上，间接就业包含服装工厂生产、物流配套、服装公司等10万人以上。目前，羽绒城有2400多家商户，从事羽绒服交易商铺1500余家、辅料交易商铺500余家，产品不只是获得国内消费者青睐，还出口到韩国、日本、巴西、阿根廷等十多个国家和地区。

平湖羽绒服产业能维持韧劲，关键得益于本土加工制造业优势，以及这些年来平湖企业不断转换赛道，往产业链深处寻找机会，同时抓住国内电商的发展红利，把平湖羽绒服“搬”上互联网。

在平湖，有的企业运用“互联网+”、物联网等现代信息技术展开提升，由“家庭作坊”向“数字工厂”转变，而“优羽”服装产业省级工业互联网平台的出现，实现生产、设计、供应链整合、仓储物流一体化无缝管理流程，推进平湖羽绒服产业再度高质量发展。

制造业产业体系和高效的供应链，还体现在平湖箱包产业。

这些旅行箱带着“平湖制造”印记，漂洋过海，销往世界各地，成为旅行者走天涯的重要伙伴。平湖箱包供应链完整，面料织布、拉杆、脚轮、织带、钢架、拉链、锁具等配件均可实现当地配套。创新链也较完善，除了互联网综合服务平台、行业技术中心、公共试验检测平台、工业设计平台，还有产业创新服务综合体。

做好羽绒服，又不仅只是羽绒服。平湖的目标是逐步打造全品类时装品牌，再出现一个“冠军单品”。对于未来，平湖服装产业积极迎合行业发展新趋势，开拓产业新深度，现已形成OEM、ODM、OBM 共存的多元化生产模式，越来越多的企业着力探索服装产业及跨产业生产、设计、研发、销售与客户一体化方案解决的融合新模式。

八、三门冲锋在前

台州市三门县，是目前国内规模较大的冲锋衣产业集群。2008 年左右，三门冲锋衣产业逐渐形成规模效应，形成了一个相对完整的产业链条，不仅生产技术不断提升，企业之间也开始建立起联动关系，产业间的交流与合作进一步加强，迈入产业集聚阶段。

2009 年电商发展浪潮的兴起，三门冲锋衣企业开始注重网络销售渠道的开拓，积极拓展线上市场。依托成熟的产业供应链和熟练的工人优势，三门冲锋衣产业迅速抓住电商模式风口，在“小批量、定制化、快速反应”等方面构建起独有竞争优势，抢占国内中低端冲锋衣市场份额。

当消费升级的风掀起冲锋衣市场的全新革命，消费者对冲锋衣提出“功能性 + 时尚设计”多元需求，三门冲锋衣也迎来了产业升级新阶段。

2013 年，三门县政府引入浙江理工大学高等院校资源，推动企业加大原创设计研发投入，引导他们加强创意设计、面料研发、工艺创新、品牌创新合作等方面的提升，同时加强品牌赛事、本地论坛等活动宣传力度，通过打造集群品牌影响力，大力推动三门冲锋衣在全域的影响力。

从产业萌发、产业集聚，到电商发展、产业升级，历经 30 余年发展，凭借丰富的制作技术团队和庞大的从业群体、周边面辅料供应便利、电商蓬勃发展、物流直达等多重优势，三门已成长为国内较大规模的冲锋衣产业集群之一。目前，三门全县冲锋衣产业企业总数 300 余家，创造就业岗位超 3 万个，头部企业投资实现总额翻番，年产冲锋衣超 8000 万件，产值实现 120 亿元关键突破（图 3-12）。

图3-12　三门冲锋衣企业制造场景

已经拥有成熟工业基础的三门，凭借在产品上的质量提升与创新，逐渐掌握了户外冲锋衣的制造话语权，形成了功能型救援类、时尚产品生活类这两种不同场景应用的、互为借力的优势产业格局。

在不断提升三门冲锋衣竞争优势的过程中，为满足消费升级需求，2019 年三门县与浙江理工大学共建校地产业研究院，关注服装功能技术的革新与迭代，研发调温蓄热功能型冲锋衣、石墨烯抑菌型冲锋衣、冬季保暖型船用救生衣等一系列“黑科技产品”。

近年来，随着轻户外市场需求的不断发展，三门又与浙江理工大学材料技术专家研发专属于校服的膜材技术，以青少年校园为特色打磨新品。

为了深化三门县政、产、学、研的协同共创成果，三门县政府在入企服务、技改扩建、金融信贷、执法检查等多方面，为县内优质冲锋衣企业提供良好的营商环境，为冲锋衣企业、高校、科研机构开展研发活动提供政策保障，用政策推动“产业链、创新链、资金链、服务链”四链融合，推出冲锋衣企业、研究院、孵化平台、公共服务平台开放共享，提高资源配置效率，实现协同共赢。

3

第三节 科技创新加速发力

一、“数智引领”实现制造飞跃

智能制造技术不仅是未来先进制造技术发展的必然趋势和制造业发展的必然需求，更是抢占服装产业发展的制高点，实现我国从“制造大国”向强国转变的重要保障。为实现“制造强国”目标，“十二五”期间，中华人民共和国科学技术部印发《智能制造科技发展“十二五”专项规划》，旨在夯实制造业技术基础，形成较为完备的制造业创新体系。

在此背景下，浙江省服装产业率先行动，广泛采纳新技术、新工艺与新材料，科技创新体系日益完善，引领服装生产向智能化、模块化、数字化方向深度转型。CAD 技术的广泛应用、吊挂流水线的普及，以及信息化技术与生产流程的深度融合，不仅加速了工艺技术的飞跃，还显著降低了企业运营成本，提升了快速反应能力。

2015 年，《中国制造 2025》战略的发布，为制造业的未来发展绘制了宏伟蓝图，其中“智能制造”被明确为核心发展目标，对推动战略实施具有里程碑意义。借此东风，浙江省服装企业展现出强烈的科技创新热情，科技投入显著增加，技术创新成果丰硕，生产效率与盈利能力同步提升，行业“机器换人”行动成效显著，全员劳动生产率实现大幅增长。

当新一轮科技革命和产业变革深入融合和发展，虚拟现实、元宇宙、人工智能等新型数字化、智能化技术正在不断拓展服装产业的边界，更多令人惊艳的新产品被开发出来，为消费者带来了更加多元的选择和体验。在蝶变中，浙江服装产业新质生产力的发展也蓬勃跃升，众多服装企业紧跟科技潮流，不断探索新的生产和服务模式，拓宽新的渠道和融合方式，展现出强大的生命力和活力，这些变革和创新不仅推动了浙江省服装产业实现高质量发展，也为中国服装产业树立了一个又一个新的标杆和典范。

1. 从“机器换人”开始

但在这一时期的开始，2011 年，浙江的服装产业却面临着这样的局面。春江水暖鸭先知，在我国服装制造业“人口红利”不断消失，面临招工难、用工难时，从浙江的政府到服装企业，都深切地感受到了过去粗放型的发展方式走不通了，转变经济发展方式极为必要和紧迫，于是 2012 年底浙江省率先提出“机器换人、腾笼换鸟、空间换地、电商换市”的四换工程，其中以“机器换人”工程为首，众多企业纷纷引进现代化、自动化的装备进行技术的改造升级，从而实现“减员、增效、提质、保安全”的目的。

在温州珍瑾服装有限公司，生产线占据了两幢楼，但并不是每一层都有很多员工。企业引进“单件流”技术已有 10 多年，每条生产线的屏幕上清晰显示节拍等信息；只需要换模板就可以自动缝线的模板机，可以编辑任意图形缝线；在拉链厂，智能化设备已经实现自动装扣、裁切……这些变革优化了生产管理模式，降低了管理难度，使得生产流程更加高效流畅。后企业又引进 AI 智协云脑吊挂生产系统，让生产实现了深度革新。在企业的后整车间，放眼望去是上千件衣服挂在头顶自动运行的壮观场面，且仅有几位员工负责操控。

据悉采用该系统后，企业生产效率提升了 30%，品质回修率降低了 20%，准时交货率提高了 20%，能轻松应对从 30 件到 5000 件的订单快反需求，实现了真正意义上的“小单快反”数字化智能生产。

温州珍瑾服装有限公司董事长吴爱微同时也是温州市外贸服装商会会长，她表示，要时刻树立创新意识，珍瑾服装近年来积极响应国内国际双循环号召，外贸企业探索国内、国际市场“两条腿”走路的发展模式并不容易，在这个过程中，珍瑾服装始终坚持练好内功，做好品质，并通过科技赋能，开启了国内国际时尚双循环。

技术红利替代人口红利已是大势所趋，越来越多企业认识到智能制造是产业链高质量发展的优势所在。在这场设备革命中，行业龙头企业东蒙不畏征途，一马当先，为实现“减人增效”，公司生产车间引进全自动的模板机，工人只要把面料放进机器，机器就会自动进行裁剪，而另一端，自动填充羽绒的机器，也是公司“机器换人”的一大亮点。

但“机器换人”并非一日之功，在当时对浙江大量的小微企业而言，“机器换人”面临巨大的技术、资金压力。东蒙集团有限公司总经理池慧杰认为，是否引进机器和企业规模大小无关。在他看来，投入本身就是为了节约成本。投入才有回报，不然企业就失去了竞争力。

东蒙“科技”与“时尚”融合的脚步远不止于此，近年来公司持续深耕高端服装装备行业的研发生产，更推动了整个服装产业的智能化变革进程。

对内，东蒙通过设备创新，降低了工艺操作难度；导入智能 CAD 系统和 SAP 系统，推进了数字化管理，提升产能，降低成本，使产品得以更好地传播。对外，东蒙实施“机器换人”“SPA 信息化业务流程系统改造”“标准工时产能管理系统”等多项举措，致力于打造高端男装 ODM 业内首家集“产品研发”“订单管理”“产能管理”于一体的供应链管理共享平台，为品牌客户的个性化开发和快速反应体系提供整体的解决方案。

随着云计算、物联网等技术的成熟，在国家“智能制造”相关政策的大力支持下，众多有实力的服装企业开始将智能制造设备“搬”进工厂，而其中的佼佼者乔治白服饰更以“工业 4.0”为目标，揭开了行业智能化升级的序幕（图 3-13）。

“乔治白在 2008 年开始布局行业数据调研与积累，在 2012 年就建成基于资源整合与流程再造的 UPC 个性定制系统，为现在的智能制造升级积累了海量的数据参考。”乔治白董事长池也自豪地说。

图3-13 乔治白智能工厂

到 2015 年，浙江省服装企业的科

技创新意识明显增强，以新技术、新工艺、新材料为代表的科技创新行动表现活跃，行业科技创新体系不断完善，科技创新能力和水平显著提升。就在这一年，浙江省规模以上服装企业科技活动经费支出17.03亿元，同比增长3.54%；购置技术成果费用同比增长59.67%，较上一年同期提高66.54个百分点。同时，浙江省服装产业“机器换人”深入推进，规上企业的人均利润、人均主营业务收入、人均产值同比分别提高6.4%、5.39%和7.03%，全员劳动生产率增长7.03%。高新技术在行业的广泛应用，有效提升了企业的生产效率和快速反应能力。

同年7月，报喜鸟集团举行智能制造暨转型新闻发布会，宣布开启“智”造新时代。集团推出“O2O+C2B”个性化定制服装，用“工业4.0”思维建成现代智能化工厂，实现智能制造转型。“真正的个性化定制必须由智能化生产作支撑。”报喜鸟副董事长周信忠表示，报喜鸟于2014年下半年开始布局工业4.0智能化生产，通过近一年的规划、实施、试运行，已经可以实现“个性化缝制不降低品质，单件流不降低效率的生产水平”，这些将支撑起公司在未来布局全品类个性化定制的产业链。

报喜鸟云翼智能的探索是产业转型的引领之举，不仅改变了传统制造模式，克服了服装个性化生产品质和生产效率低的瓶颈，生产效率也提高了50%，全品类服装定制从下单到交付时间每套服装平均15天缩减至7天，合格率从95%提升到99%。凭借对大规模个性化定制的不断探索和实践，报喜鸟于2015年入选工信部互联网与工业融合创新试点企业，2016年列入工信部智能制造试点示范企业，成为国内外定制加工和品牌营销最具核心优势企业之一。

从底层进行数字化变革前路漫漫，但众多浙江省服装企业不畏征途，紧跟步伐。

2018 年，中国服装协会依托中国服装智能制造技术创新战略联盟牵头创建中国服装科创研究院（图 3-14），这一被寄予厚望的平台落户在杭州，总建筑面积约 8600 平方米。“当时，中国服装行业正处于转型升级关键时期，数字经济时代的到来、数字化技术的迅猛发展和应用，给行业和企业生产经营的各个环节带来前所未有的机遇和挑战，数字化转型和科技研发创新成为传统纺织服装企业最重要的发展驱动力。当时，中国服装科创研究院倾力打造了全国第一个服装全场景高科技体验中心和 5G 未来工厂，成为时尚行业科技领域打卡点，政府机构、行业协会、龙头企业、跨行业单位纷至沓来学习参观交流。”中国服装科创研究院刘正安回忆道。

现在，中国服装科创研究院核心服务包括下设科技、教育培训、供应链三大服务平台及十大研发及创新中心。并已赋能众多服装企业，包括杉杉集团新质生产力工业园、乔顿集团西服智能

图3-14 中国服装科创研究院

工厂、伊芙丽数字化快反项目、红袖服饰智能仓储项目等。未来，建立行业数据资产公共服务平台、构建服装行业化 AIGC 企业级应用大模型、提供中小微企业“买得起用得上”的智能化工业软件，成为中国服装科创研究院的发展目标。

也是在 2018 年，雅戈尔投入上亿元建设智能工厂，并于此后和中国联通展开合作，成为浙江省首批 5G+“未来工厂”（图 3-15）。在5G、边缘计算等技术的赋能下，雅戈尔的生产线已变得非常“智慧”。走进 5G 工厂，数据运营中心的显示屏上，各类订单数据实时更新、一览无遗，发挥着“产业大脑”的作用。同时，雅戈尔“未来工厂”开创了服装智造先河，实现了多品种、小批量、个性化、定制式的柔性化生产，不仅生产效率大幅提升，更能灵活应对来自上下游市场的变化，在服装产业链、供应链中拥有强大的核心竞争力。

与雅戈尔的成功合作，对中国联通而言也是有深刻意义的。珠玉在前，2022 年 5 月，为贯彻国家“5G+ 工业互联网”的决策部署，在中国联通集团的指导和支持下，浙江联通组建了中国联通服装制造军团。中国联通服装制造军团现在拥有“产业云 + 大

图3-15 雅戈尔“未来工厂”

模型 + 算网融合”三大产品线，构建了“软件 + 硬件”“平台 + 应用”的产品矩阵。核心产品之一“天纺·数据智脑”是一款轻量级企业一体化数据平台，解决了企业在数字化转型过程中应用隔离、数据孤岛、数据分析难等相关问题。

据中国联通服装制造军团副军团长樊伟介绍：“我们军团总部设立在杭州，依托联通四级营服体系和国际公司，在宁波、金华、苏州、青岛、九江、安庆以及印度尼西亚等地设立分部（代表处），业务覆盖全国乃至东盟地区。目前，与全国 200 余家服纺企业进行业务合作，涉及上游原材料端到中游的纺纱、织造、印染、成衣、家纺到下游的档口、门店等各种类型企业。”

这一时期的浙江服装行业，科技创新体系建设不断完善的同时，技术成果不断涌现，浙江乔顿服饰股份有限公司等单位完成的“面向服装智能制造与消费升级的男装大数据建立与分析应用”、卓尚服饰（杭州）有限公司等单位完成的“基于服用人体的特征点提取和重构方法优化研究”诸多成果获中国纺织工业联合会科学技术奖。

2.“上云、用数、赋智”再加快

“十四五”时期是我国全面建成小康社会、实现第一个百年奋斗目标之后，乘势而上开启全面建设社会主义现代化国家新征程、向第二个百年奋斗目标进军的第一个五年。2021 年，中国纺织工业联合会发布《纺织行业“十四五”发展纲要》，其中明确了“十四五”期间纺织行业两化融合的发展目标。这一目标的贯彻对纺织行业实现转型升级与高质量发展具有重要的战略意义。

基于此，浙江省服装产业更加积极推进数字化转型，企业“上云、用数、赋智”进程不断加快。杭州意丰歌服饰有限公司、狮丹努集团股份有限公司、东蒙集团有限公司 3 家服装企业被省经济和信息化厅认定为浙江省第一批制造业“云上企业”。智能制造、工业互联网在推动行业转型升级过程中，龙头企业的引领和带动作用明显，中小企业“专精特新”发展成效显著，产业结构持续优化。

2022 年，数字经济的“倍增效应”越发显著，数字技术的普惠性也让身处传统制造业的服装行业享受到数字赋能带来的变革机遇。

狮丹努紧抓数字化改革“东风”，以 5G、工业互联网等新一代信息技术为抓手，打造数字化车间、未来工厂，由此实现降本提质增效。数字化改造覆盖了设计、打样、裁片、采购、生产、包装、仓储物流等全部生产环节。有了数字化的赋能，狮丹努发挥集团数智工厂数据和应用场景优势，促进数字技术与实体经济深入融合，实现生产端和管理端的转型升级，在新一轮市场竞争中“闯”出发展新路径。

图3-16 汉帛服装智能工厂

同年，汉帛（中国）有限公司“汉帛服装智能工厂”（图 3-16）、雅莹集团股份有限公司

“雅莹时尚女装数字化车间”被认定为2022年浙江省智能工厂（数字化车间）；浙江梦娜袜业股份有限公司“梦娜高端制袜未来工厂”被认定为2022年浙江省未来工厂；宁波圣瑞思工业自动化有限公司“智能柔性材料生产吊挂系统”、浙江蓝卓工业互联网信息技术有限公司“基于supOS工业操作系统的服装厂数字化转型解决方案”、杭州贝嘟科技有限公司“基于C2M模式的定制服装数字化缝前制造应用平台”等8个数字化转型优秀解决方案被列入《纺织服装行业数字化转型解决方案重点推广名录》。

从研发投入的持续增长到智能工厂、未来工厂的不断涌现，再到数字化转型解决方案的广泛推广，每一项成就都标志着浙江服装产业正经历着深刻的变革与升级。而在这股转型的洪流中，不仅涌现出了如森马、汉帛等领军企业的率先垂范，更激发了整个行业对于如何复制成功经验、实现全面转型升级的深刻思考。

近年来，森马不断加码数字化建设，公司以打造“一套系统、一套标准、统一规划”为目标，不断推动在“一个森马”下的全域系统一致性，完成SAP系统、营运系统及数据平台的融合再造。森马集团有限公司董事长邱光和说：“我认为存在的市场挑战与机遇就包括‘技术更新速度’，当下技术更新迅速，企业需要持续投入研发，保持技术领先。”

汉帛的柔性制造转型升级转型成功，在传统服装行业也很有代表性。汉帛集团总裁高敏开始带着这样的使命感，投资创办了时尚产业首个工业互联网平台——哈勃智慧云。“我发现时尚行业不仅仅缺的是智能制造，还缺少供应链整合，更缺的是流量时代下好的内容和好的产品。”高敏表示，哈勃智慧云是以智能制造为核心引擎，基于“全要素，全产业链，全生命周期”的理念，搭建服装行业云以及智能制造云，助力服装领域中小企业实现转型升级。而哈勃智慧云就是要解决行业的这些痛点，这也是哈勃智慧云的价值所在。“哈勃智慧云就是能够将产业链的最小单元整合进来，从这里可以看到整个行业的新未来。”

关于做“平台”这件事，朱丽燕公司董事长方乐鸣曾解释：女装行业是一个市场空间足够大的行业，但单一女装品牌想把规模做得很大的概率很小。因此，朱丽燕公司选择往产业互联网方向走，打造朱丽燕平台。耗时七年，朱丽燕平台总结、沉淀了一套大商品企划的理念及系统工具，通过业务线上化、流程化、数字化来拓宽 COO 的视野，也更高效地协同相关岗位形成能力互补。目前，朱丽燕不仅在其公司内部打造品牌紫涵、H + ，也通过数字化工具和咨询向外提供服务，客户包含伊芙丽、本涩、红蜻蜓等。

随着人工智能技术的不断发展，ChatGPT 正成为未来的焦点，AIGC 也顺势登上各个行业的热搜榜。在浙江，AI 技术已经开始为生产赋能，成为一批纺织服装企业撬动新增长机会的支点。

为抢抓“奥运经济”机遇，杭州万事利丝绸文化股份有限公司在支付宝上推出了巴黎奥运会主题的 AI 丝巾定制小程序。用 AIGC 定制一条丝巾，从设计到完成生产最快只需 2 个小时，这样的全新智造体验，背后是万事利自主研发 AIGC 设计系统的高效支撑。

“我们可以为全球近 80 亿人每人定制 10 万条丝巾，而且每条丝巾都是独一无二的。”万事利集团董事长屠红燕说，万事利丝绸正通过 AIGC 探索更具想象力的发展之路。“我们有信心在人工智能时代超越西方传统奢侈品牌，让设计变得便捷、高效、充满创造力，最大限度满足消费者审美的需求。”

AI浪潮之下，贴着“传统”标签的纺织服装产业，正在经历着前所未有的革新。创意的数字化、设计的智慧化，还只是其中一个切面。在浙江，纺织服装产业正催生出更多创新应用。

浙江凌迪数字科技有限公司的Style 3D自诞生之日起，便专注于纺织服装产业数字化细分领域，经过多年研发和产品打磨，依靠自主研发的柔性仿真引擎，开发了一系列服装3D数字化工具。

随着AI技术的发展，Style 3D基于对产业特性和客户需求的深刻理解，开发了AI配套产品工具Style 3D iCreate及Style 3D iWish等，以“AI+3D+AI”的技术整合策略，使服装设计与研发流程得到前所未有的简化和优化，提升从创意设计到市场推广的整个产业链条的衔接性与协同效率。

杭州贝嘟科技有限公司(衣邦人)自2014年成立以来，在创始人、董事长兼CEO方琴的带领下，始终秉持“让定制融入美好生活”的愿景，在行业内率先引入“互联网+上门量体+工业4.0”C2M模式，致力以“中国新定制”理念，引领中国服装定制行业变革。

通过自主搭建大数据系统、数字化供应商开放平台，研发云裁剪平台、云端智能分单系统、客户CRM系统、AI定制系统等，衣帮人实现了前端数据与后端工厂的打通，显著提升了行业的柔性制造能力和订单效率，赋能合作伙伴，并为客户带来更加优质、高效、便捷的定制服务。

从设计到制造，乃至产业链其他环节的全面升级，这些变革趋势都是“新质生产力”在服装产业领域的生动体现与积极践行。我国服装产业发展“新质生产力”需要根植于国家战略，把握时代趋势，从行业现实出发，变革重塑科技生产力、文化生产力和绿色生产力，转变发展方式，优化产业结构，转换增长动力，形成高科技、高效能、高质量的产业新势能，构建产业发展新优势。

其中，科技生产力是驱动产业全要素、全场景革命性突破的关键性力量。在“新质生产力”的强劲驱动下，浙江省服装产业正以蓬勃姿态踏着坚实的步伐，向世界级时尚产业高地奋勇迈进，并以卓越的创新能力，为全球时尚产业的繁荣发展贡献中国智慧和力量。从“制造”到“智造”，一个“智”字凸显了浙江服装产业数实融合的变迁，也勾勒出这一时期，以创新为驱动的浙江服装产业发展脉络。

二、智慧零售重构消费体验

2023 年年末，杭州常住人口达 1252.2 万人。这一数字代表了什么？代表了有数以万计的互联网（电商）从业者，从五湖四海而来，在杭州开始了逐梦和生活。

杭州，电商之都，2022 年杭州网络零售额为 10496.3 亿元，承载带动了超 100 万人就业。一万亿能承载多少人的生活和梦想？在这个一百万和一万亿的故事里，近年加入了各式各样的新面孔，网红达人、转型明星艺人、二次创业企业家……杭州的直播电商从 2016 年起步，至 2020 年产生了质的飞跃，如今正处于高速发展期，流量也从集中于少数头部主播向着众多腰部和特色直播间转移。所以，越来越多的直播电商行业知名的机构和主播，纷纷搬到杭州或是在杭州开设新基地。

即使从社会角度来看，这一现象已成为科技变革浪潮冲击下的一个“极端”现象，极端独特，独特到除杭州外无法复制。杭州独一份儿的产业优势，作为“生在罗马”浙江服装企业已经享受多年，从 B2C 的繁荣到全渠道的风靡，再到“新零售”概念的提出，踩在节奏上的浙江服装企业几乎一刻不停地在思考下一步。

1. 电商生态格局走向成熟

2011 年作为服装企业涉水电商元年，诸多品牌纷纷“触网”，一个全新的服装行业电商生态格局正在悄然形成，并渐成气候。

GXG 在与中国电商市场同步崛起的先行者优势助力下，已成为各路商家“上线”争先模仿的范本。“忙到早上六七点钟的时候，我们成了全网第一名，我当时眼泪就下来了。”慕尚集团零售副总裁、GXG 总经理吴磊最难忘 2011 年的“双十一”，那是他第二次参与。前一年，首战取得了 1000 万元销售额的好成绩，令吴磊对次年的“双十一”充满期待，提前三四个月就开始筹备。最终，2011 年 11 月 11 日，GXG 单品牌销售额突破 4000 万元，比上年增长了 4 倍。GXG 在电商领域的成功，不仅是对品牌自身创新能力和市场敏锐度的肯定，更是对传统服装行业转型升级路径的一次有力探索和实践。

作为时尚服饰领域的佼佼者，森马敏锐地捕捉到了电商时代的机遇，将目光投向了更为广阔的线上市场，开启了其电商业务的飞速发展篇章。2012 年森马在“电商摇篮”杭州率先成立全资子公司“浙江森马电子商务有限公司”，带动企业快速发展，让消费者乃至行业见证了不一般的“森马实力”。邱光和感慨：“2024 年是森马创立的第 28 年，一路走来的点点滴滴，辛酸苦辣齐全，这些都是我们奋斗路上最真实的见证。森马多年的发展可以用‘紧跟时代、不断创新、持续创业’这几个词来概括。2012 年，我们公司，积极布局线上市场，再一次带领森马跨进了发展快车道。借着互联网的发展东风和森马自身的运营能力，公司线上销售业绩屡创新高，零售额从 2012 年的 2.5 亿发展到目前已经突破百亿规模，累计为全球近亿位消费者提供服务，被行业誉为中国服装界电商板块‘一匹黑马’。”

2023 年，森马启动线上线下全域融合的改革。通过全力拥抱新零售，大力推动线上线下一体化发展，让线上线下在品牌营销、数字会员、定价策略、柔性供应等方面做到深度统一和高效协同，实现渠道全域化整合，为消费者提供一体化的品牌消费体验。目前，森马的销售渠道覆盖线上的各大传统电商、直播电商、社交电商，以及覆盖线下东南亚和全国 31 个省、自治区、直辖市的购物中心、步行街、奥特莱斯等全场景，真正做到了为消费者提供全时段、全场景的购物体验（图 3-17）。

随着数字化技术的渗透和发展，消费习惯的重构和改变，具备社交属性的微信小程序、社区销售、短视频平台、直播电商等社交媒体渠道快速发展，并互联互通。不少服装企业纷纷建立社

图3-17　森马首家数字化门店亮相

交营销团队，利用社交媒体的流量效应，吸引消费，将流量逐步转化为交易，开辟服装行业新的商业模式。

2020 年，纺织服装电子商务持续增长，电子商务交易额为 7.29 万亿元，同比增长 8.97%。这一年，浙江省服装行业协会互联网直播电商分会应运而生。“希望通过分会的工作和服务，进一步发挥直播产业优势，借助数字化新零售模式推动我省服装产业转型发展”，浙江省服装行业协会副会长、互联网直播电商分会会长毛雪波如是说。

在当前电商领域竞争白热化的背景下，破局之道不仅在于短期的战术调整，更在于长远的战略布局与核心竞争力的深度构建。“现在的电商实际拼的就是好产品、好价格、好服务三位一体的综合体验，拥有品牌和坚守品质都是电商时代的核心竞争力。”浙江省服装行业协会副会长、童装分会会长、杭州中赛实业有限公司董事长沈强恳切地说。中赛公司旗下拥有巴布豆、迪士尼两大 IP（图 3-18），并于近年来持续深耕线上领域。这种对于品质、价格、服务的执着追求，使得中赛实业在竞争激烈的童装市场中独树一帜，赢得了广大消费者的信赖与喜爱。

图3-18 中赛以两大IP为核心，打造童装供应链平台中心

中赛的成功也是近年来浙江童装企业沉下心来铸造品牌，多元探索发展企业，从量变到

质变的过程缩影。浙江省服装行业协会秘书长沈茉莉表示："在中国十大童装品牌评选中，浙江入选品牌连续数年都是最多的。比如2021年和2023年的中国十大童装品牌，浙江童装占了六家。浙江童装在全国知名度已经打响。"

中赛在直播电商领域取得了非常好的成绩，同时，谦寻也是这一领域的头部代表。谦寻（杭州）控股董事长董海锋同样深谙此律，直播电商要保持高速增长，唯有深耕才能服务好品牌和消费者。在董海锋看来，直播电商是推进传统商业数字化转型的重要抓手。

直播电商行业不仅见证了谦寻的崛起，也促使众多传统品牌拥抱变革。隶属于宁波博洋控股集团的新锐家居服品牌果壳（GUKOO）便是依托电商模式建立起来的。"如今，电商销售占比已达到博洋服饰集团销售总额的50%，多品牌战略与电商发展共同构成了集团发展的两大核心支柱。"宁波博洋服饰集团董事长吴惠君说。通过与各大电商平台建立紧密的合作关系，博洋服饰集团的产品得以更广泛地触达消费者，品牌知名度和市场占有率得以显著提升。

每一个新品牌的崛起，都意味着有新的需求被满足，在越发多样化的选择里，新品牌力求站在离消费者最近的地方。

在不断尝试与探索电商运营新模式的过程中，博洋服饰集团还将大数据等先进技术深入融合于产品开发之中，使集团逐渐成了中国服饰行业极有影响力的电子商务零售商之一。

2. 线上线下的融合

"现在的零售和以往的零售不一样了，现在是全域零售，一定要把线上做起来。”安正时尚董事长兼总裁郑安政表示，玖姿（JUZUI）品牌旗下安娜蔻（Annakro），在过去一直是作为玖姿的线上专供款，只做线上运营。但在全域零售的背景下，已经“莫名其妙”成长起来。

为此，安正时尚计划推进安娜蔻品牌走独立道路：2023年，安娜蔻以玖姿子品牌身份亮相；2024年，安娜蔻建立独立的线上渠道，强化核心品类、风格持续年轻化，推出低倍率、高质价比的品牌产品；2025年，安娜蔻将实现产品与品牌的升级，供应链和面料升级驱动品质升级，品质升级驱动品牌升级，进一步启动线下店铺发展，全渠道布局。

同样以电商开局的还有韩国品牌Chuu，其国内运营主体为杭州黯涉品牌管理集团有限公司。早在2016年，Chuu就开始步入中国市场，先与淘系品牌“韩都衣舍”合作进驻天猫，商品以直邮的形式从韩国发往中国。据悉，2016年8月8日上线当天，销量就冲进了天猫国际女装类目的前五名。当快时尚品牌都在闭店，Chuu的门店数量却在逆势增长，其门店的火爆或可归功于早期通过电商和代购的形式在国内积累的用户群体。当下，从门店装修到产品供给，从小红书种草到线下门店转化消费，Chuu以线下门店为支撑，以私域流量引爆线上销售，通过打通品牌线下门店及线上社交电商平台，实现多维度精准营销，构建全渠道生态格局。

在线上线下同步经营的路上，新锐潮牌F426也在积极布局。F426隶属杭州艾弗瑟瑞品牌管理有限公司，该公司目前已经营6个潮牌。企业创始人鲍晨亮说：“我是草根创业，没有高举高打的资格，每个品牌都是从线上起步。这几年线上发生了很大的变化，从淘宝平台开始，持续出现了得物、抖音短视频、小红书、抖音直播、拼多多等，几乎每年我都得根据一个新的平台组建相关的团队，线上不再是‘一招鲜’时代，而是需要成为一个六边形战士，每一块都得做好。”

他认为，对潮牌而言，未来的红利是在线下，目前艾弗瑟瑞的品牌也正在向线下转型，年轻群体消费观念转变是新品牌入场的好时机，很多商城已经把以前熟悉的一楼大品牌往二楼三楼转移，把好的位置留给新品牌。线上出生让艾弗瑟瑞的品牌在线下竞争中也具有价格优势。

除了通过全渠道策略将线上流量引导至线下门店，实现一体化的购物体验，众多的服装品牌还全面升级实体店，将前沿科技融入购物场景，利用更先进的大数据技术、物流技术、人工智能等从场景、视觉、消费上提供全方位优质体验，围绕“体验”“场景”进行变革，力求为消费者带来前所未有的购物体验。

2019 年，雅戈尔集团与中国移动宁波分公司联手发布雅戈尔 5G 时尚体验馆 001 号，推出基于 5G 的 AR 沉浸式购物、智能导购机器人、智能工厂 VR 实景直播、工业机器人精准控制等体验项目，让顾客在门店就能感受到服装生产和消费的黑科技。

那一年，雅戈尔持续发力终端智慧营销领域。同年 12 月，雅戈尔又迈出了奔向世界级时尚集团的坚实步伐，携手美国运动休闲品牌斯凯奇（SKECHERS），探索合作开店的新零售模式。“我们要心无旁骛，一定要把时尚产业做起来，满足多层次的消费需求。”雅戈尔集团董事长李如成说。时尚体验馆是品牌发展的方向，是品牌的展示中心，产品的销售中心，线上线下的融合中心，高科技的技术应用中心，高质量的服务中心。

足见，在品牌与消费者建立对话、分享价值观念的途径中，线下门店是他们对服饰品牌形成认知、体验乃至实现消费闭环的重要渠道。

太平鸟董事长张江平曾在公开场合表示，“时刻保持与消费者的深度链接，这是品牌长远发展的核心竞争力”。其所强调的“与消费者的深度链接”，在太平鸟旗舰店得到了生动诠释。

2024 年 5 月，太平鸟在宁波开设全球首家品牌旗舰店，首次把太平鸟旗下男装 PEACEBIRD MEN、女装 PEACEBIRD WOMEN、乐町 LEDiN 和童装 mini peace 四大品牌凝聚在一起，共同打造一个全方位、沉浸式品牌体验空间（图 3-19）。

“在电商风口，还在保存线下实力的品牌，致力于探索线上线下融合的品牌，何尝不是第一个吃螃蟹的人。”温州市服装商会常务副会长、D-HARRY 品牌创始人叶洁说，“大约 20 年前，品牌一旦进入商场，就会做得非常好，那是品牌进入商场的

图3-19 太平鸟在宁波开设全球首家品牌旗舰店

最好时期。后来，随着发展品牌逐渐讲求特殊化，许多有个性定位的品牌慢慢在商界崭露头角。但开店时的选择也开始细分。以D-HARRY 为例，品牌定位是英伦复古，内涵与马术有关，这样有鲜明个性的品牌就需要选择有品质且适合品牌个性的商场等，而非单纯追求店铺数量的扩张。就像国外一些大品牌，店铺数量不多，而是服务喜欢其个性化的客户。”

为让买对衣服这件事变得更便捷，宁波培罗成集团有限公司副总经理、宁波理型公园科技有限公司董事长总经理陆江洋牵头做起“理型公园”项目，其目标是通过数字化技术来建立起用户和商品链接的新枢纽，同时也希望通过这个方式可以让服饰品牌共享更加便捷、高效、高性价比的渠道和销售资源，从而减少行业内的资源浪费提高行业的可持续性。理想公园项目将“理性分析”和“形象设计”结合，通过大数据和 AI 技术精准分析消费者需求，提供个性化的选品服务，这是“理型”的核心理念。而“公园”则象征着开放、互动与多样性，陆江洋希望通过这种社区化、场景化的方式，为消费者创造独特的购物体验。

科技变革的浪潮以前所未有的速度和力度席卷各行各业，服装企业渠道端逐渐步入产品和服务驱动、以消费者为核心的精细化变革阶段，催生出了线上、线下渠道融合发展的“新零售”模式，全新的消费场景和服务方式全方位满足了消费者的即时消费追求，进一步提升了品牌的附加值。浙江服装企业背靠得天独厚的资源优势，正在激烈的市场竞争中占据有利地位。

4

第四节 如火如荼的文化向新

千百年来，浙江文化躬耕沃土，薪火相传，弦歌不绝。作为中华文明的重要发源地之一，浙江拥有“万年上山、五千年良渚、千年宋韵、百年红船”的厚重历史，拥有中国最大的纺织服装类专业博物馆——中国丝绸博物馆。自 2015 年起至今，中国丝绸博物馆每年都策划“丝绸之路”主题展览。每一届展览均吸引大量观众到中国丝绸博物馆打卡，感受传统文化的魅力。同时，中国丝绸博物馆邀请重量级专家到“丝路讲堂”举办讲座，从文学、历史、考古等多角度介绍东西方的文化交流及成果。

丝绸之路绵亘万里，延续千年，是人类文明交流互动的宏大场域。浙江作为中国大运河的终点和海上丝绸之路的重要起止点，也是共建“一带一路”的重要枢纽，承载着深厚的东方美学底蕴，打造出众多以文化引领产业发展的“浙江样板”。

一、融入产业的“流量密码”

借势文化生产力产生的共鸣，浙江一些传统服饰产业重镇频频崭露锋芒，加快推动了周边相关产业链的上下游同频共振、建圈强链。文化生产力作为推动经济社会发展的新引擎，正以前所未有的力量重塑着传统产业的格局。

当“国风”成为流量密码，以家纺闻名的许村镇也跟着这股国潮风火热“出圈”，一条国潮产业链初具雏形。“缭绫缭绫何所似？不似罗绡与纨绮。”此前，《寻找缭绫：白居易〈缭绫〉诗与唐代丝绸》的作者浙江大学教授赵丰在写作的过程中，循着研究线索找到一件出自法门寺地宫的唐代缭绫浴袍实物，最后同许村的海宁天一纺织有限公司将文物完整复制出来。

据天一纺织总经理鲁建平介绍，为了复制原原本本的缭绫，公司专门留出一条生产线用于缭绫研发。研发团队夜以继日攻关两个多月，最终成功织造出花纹、手感、密度等最为接近原物的缭绫浴袍。如今，再现历史中的古代服饰、改良汉服以及“国风”时装是公司的品牌业务。

依托于深厚的产业基础，近年来许村镇面料生产企业紧抓国风、国潮流量契机，积极拓展大提花在中高端服饰面料领域的应用，许村镇也由此成为以大提花时尚面料、潮流服饰为特色的热门货源地，走出了一条传统与时尚、文化与纺织融合发展的转型之路。

看似一夜爆火，但“国风”的走红，绝非一日之功。“中国有礼仪之大，故称夏；有服章之美，谓之华。”“国风”服装品牌巧妙地将传统东方美学元素与现代设计理念相融合，创造出既符合现代人审美需求，又不失文化底蕴的时尚单品。这些品牌深入挖掘中国传统文化中的图案、色彩、面料等元素，通过现代剪裁与工艺，使其焕发新的生命力，成为国际时尚舞台上的亮丽风景线。

9 意法女装中心副总经理傅红霞表示，“国风”元素在近几年的服装设计中体现较多，2024 年开年行情也很不错，“如今，进店寻找‘国风’的客户不再是小众。曾经，女装中心内的店铺多以时尚风为主，去年以来，‘国风’服装销量持续增长，不少经营户也开始加大在国风产品上的投入”。

古人讲“万物有所生，而独知守其根”，“国风”的精髓在于创新，但其本质是传统文化在新时代找到了鲜活的表达方式。

这其中，浙江台州刺绣（以下简称“台绣”）的传承与发展值得称道。台绣起源于光绪三十二年，以“雕平绣”为特色，逐步形成了独特风格。经过几代、几十万名绣花女工近百年的创造和传承，台绣工艺从原来的刁、包、绕发展到抽、拉、镶、贴等200多种工针。台绣第三代传承人林霞（图3-20）在继承和发展台绣技艺的基础上，开创独特技法“纤艺绣”，并于1998年创立了“台绣 TAISILK”品牌，在当前传统手工艺较为普遍的艺术品化的发展模式中另辟蹊径，通过创意设计，以传统的刺绣技艺与现代时装相融合，构建起以台绣传统技艺为核心的文化创意产业

图3-20　林霞与她的台绣作品

链。同时，她所创办的台绣艺术馆向公众开放，展示台州刺绣的发展历程。

与古为新，林霞以其独特的视角和实践，深刻诠释传统文化的生命力在于其与时俱进的能力，将古老的台绣技艺与现代审美、生活方式巧妙融合。传承技法并创新表达是林霞的坚持，“立足当下和生活，用传统台绣艺术演绎现代生活，才能常为常新”。

二、蓬勃而出的东方设计力量

“国风”正劲，也使浙江服装企业所生产的拥有独特文化魅力和市场潜力的“国风”产品远销东南亚等海外市场，成为我国时尚产业与世界对话的一个时尚窗口，成为推动中国时尚话语权在全球舞台上持续提升的重要力量。

“民族的就是世界的”在经济全球化时代得到了最好诠释。扎根于浙江的一批又一批设计师也成为推动中国时尚话语权在全球舞台上持续提升的重要力量，积极参加国内外时装周及展会，引领着中国时尚走向世界舞台的中央。

“服饰是重要的文化符号，奥运会服饰是展现国家形象的设计工程，必须以精品立世的标准来打造。”中国服装设计最高奖“金顶奖”设计师、中国美术学院博士生导师吴海燕说。作为资深服装设计师，她曾担纲北京奥运会运动员出场礼仪服装整合设计、G20杭州峰会志愿者服饰总设计等工作，长期致力于将东方设计学延伸到展现国家形象的设计之中。

吴海燕认为，服装设计只有传递出中华文化的精粹，才能在世界舞台上散发迷人的魅力。几十年来她坚持通过“传统活化”

和“设计转化”这两个核心策略，成功地将中国的传统文化元素与现代设计相结合，形成了独特的“东方范式”。她的设计始终洋溢着浓郁的民族情结，一直试图把传统和时尚连接，使其活化在当代人的生活中。窗棂、瓦当、牡丹等中国传统文化元素常常出现在她的作品中。“我在西湖边长大，西湖的灵气给予我很多想象。”吴海燕说。

“传统活化”意味着不仅仅是对传统文化元素进行简单地再现或复制，而是深入挖掘其背后的文化内涵和精神价值，将其活化并赋予新的生命力和时代感（图 3-21）。吴海燕强调：“在活化过程中要把握中国的文脉，将经典的文化元素巧妙地融入现代生活中，使其既具有东方的韵味，又符合现代审美和生活的需求。”

“设计转化”要求设计师们在保持传统文化根脉的基础上，对设计进行全方位的转化，包括材料、技术、观念以及设计手法的转化。这种转化不仅是对传统文化的现代诠释，更是对东西方文化的融合与创新。

图3-21　吴海燕为杭州亚运会设计的礼仪服装，将经典文化元素巧妙融入现代设计

同为中国时装设计师最高奖“金顶奖”设计师的张义超表示，要将传统文化元素融会贯通，提取其“神”，从而创造出好的作品。而创造的过程始终要围绕在传统文化元素的精华，不能丢了“神”，这样才能使作品更加饱满丰盈。

作为中国纺织非遗推广大使，张义超坚持自己一贯设计理念与设计风格，多年来撷拾“行走的花”，以浓重的服装色彩和传统图案为载体，将要表达的设计主题和创作情感寄托其中。在她的眼里，那些散落在历史长河中的传统元素，诸如书法、脸谱、皮影、竹简、剪纸、篆刻、茶、诗词等，都能运用到设计中（图 3-22）。

2021 年，EMZ 鄂尔多斯与央视国家宝藏 IP 授权方物喜堂、张义超三方签约，官宣启动品牌文化跨界和东方美学艺术之旅。“本次联名设计合作对我来说是一次全新的创作尝试，首先要研究文物图腾背后的文化内涵和社会意义，特别是文物纹样图腾的文化研究，现代技术和古法纹样相结合，又要符合 EMZ 鄂尔多斯男装的品牌调性。”张义超表示，将古法纹样现代化、传统美学当代化，

图3-22　张义超作品发布会

将“五星出东方利中国”锦护膊这一国宝的历史温度提炼，将国宝的中国元素——织锦工艺、图腾、配色融入联名款的设计中，让联名产品焕发国宝新活力，真正让国宝“活起来”。

随着现代时尚将中国文化推向世界，越来越多的青年设计师开始思考如何通过设计更好地传递中国文化的独特魅力。

时尚是一种文化表达，是时代精神的映射。中国十佳时装设计师应翠剑说：“时装意味着一种更抽象的较量，是与自己身处的时代较量。较量审美的趋势，较量市场的走向，较量时代精神的变化，设计师在意识上必须领先一步，最终建立起一种新的时装语境。”

当她深刻意识到设计需要融入国际视野时，她开始思考如何通过设计传递中国文化的独特魅力，同时满足中国女性的审美需求。于是，她不断探索将中国传统艺术元素与现代时尚设计融合，希望通过设计，让更多人了解中国文化的深厚和多样性，同时感受到现代时尚的魅力。在东方美学与法式时尚的结合探索中，形成了属于 COCOON 的独特“新东方美学”风格（图 3-23）。

图3-23　应翠剑在杭州西湖举行发布会

水墨书法作为中国文化和艺术表现方式的重要表征之一，承载了中国数千年的精神特质和审美内核。中国十佳时装设计师施杰所创立的品牌 SHIJIE 始终围绕中国水墨东方美学展开叙事的设计体系，施杰将其称为“自然而然的缘分”。

因出生于文化底蕴丰厚的浙江，在他读小学之前就已经开始接触中国书法和中国水墨画，当他学习服装设计后，认识到服装实际上是一种承载文化与艺术追求的媒介，因此他将对书法和水墨的喜好融入服装设计，形成一种自然而然的连接。

施杰认为自然观和人文观是东方美学中最为珍贵的，这也是 SHIJIE 品牌的主要内涵。

近年来 SHIJIE 品牌的发布会，始终围绕“自然之子”大主题，进行诸如“逸”“璞”等分主题的多维度阐述。此外，SHIJIE 品牌也积极探索非遗工艺在当下的创新传承，通过织锦、香云纱、蓝染等诸多中国非遗工艺与现代设计的结合，传递独属中国的自然哲学与内敛美感（图 3-24）。

图3-24　施杰“自然之子—云”时装发布会

“是时候了！”“国潮”的兴起，让蛰伏了很久的沈威廉看到了机遇，他结合自己多年来对于行业的洞察，于 2018 年顺势推出了瑞希 RAXXY 品牌。凭借极高的辨识度和所蕴含的深厚中国传统文化，在之后几年中成功“出圈”。从 2021 年登上长城，成为首个在长城走秀的品牌，到 2023 年走上米兰时装周的 T 台，与国际顶级奢侈品羽绒服品牌 Moncler 联名，瑞希 RAXXY 深入探索羽绒服的高端化道路，并持续阔步迈向国际舞台。

更专注于创意发掘和创新设计的服装设计师们给服装行业带来全新的思路和体验，更领会设计师意图的制版师在设计流程中起着举足轻重作用，共同促进浙江省时尚产业设计师和制版师人才队伍的建设和成长，进一步提升浙江省服装产业的品牌建设和综合竞争力。

2010 年 8 月，浙江省服装行业协会服装制版师分会成立，分会坚持以围绕服务会员为宗旨，通过开展专业培训、专业赛事、国内外行业考察交流与合作等一系列活动，不断培育和发展更多优秀的、具有国际视野和水平的技术人才（图 3-25）。

图3-25　浙江省服装行业协会制版师分会活动合影

2023 年底，会员中共有 3 人获“全国技术能手”称号，10 人获“全国纺织行业技术能手”，18 人获“全国服装行业技术能手”，1 人获“全国纺织行业技能人才培育突出贡献奖”，27 人获“全国十佳服装制版师”称号。

无独有偶，浙江省服装行业协会设计师分会在 2011 年 12 月成立（图 3-26），此分会的成立不仅是对当前全球时尚界“中国风”热潮的积极响应，更是浙江省时尚产业转型升级、文化自信输出的关键一步。

多年来，浙江省服装行业协会及其下设的设计师分会与制版师分会持续深耕人才培育与行业发展，为设计师们和制版师们提供了宝贵的成长机会和广阔的发展空间，通过举办一系列高规格、专业化、具有影响力的赛事与活动，不断激发行业创新活力，推动设计师与制版师队伍的专业素养与国际竞争力迈上新台阶。

图3-26 浙江省服装行业协会设计师分会成立

2012 年 10 月，由浙江省服装行业协会主办，浙江省服装行业协会设计师分会承办的首届“浙江省十佳服装设计师”大赛举行。同年 11 月，由浙江省服装行业协会主办，服装制版师分会协办的首届“浙江省十佳制版师”大赛暨全国大赛选拔赛举行。

多项大赛的连续举行为浙江省乃至中国服装产业的人才队伍建设与品牌发展注入了强大动力（图 3-27、图 3-28）。

在浙江省服装行业协会及其下设的设计师分会与制版师分会的持续努力下，浙江省服装产业不仅在人才培养上取得了显著成效，更在文化传承与国际交流上迈出了坚实步伐。第 19 届亚运会的举行无疑是这一进程中的高光时刻，由吴海燕领衔设计，具有中国风范、浙江大气、杭州韵味的亚运会礼仪服装“云舒霞卷”出现在杭州亚运会颁奖仪式上。尤为值得一提的是，在浙江省服装行业协会的举荐下，制版师分会常务副秘书长方建强和理事王

图3-27 浙江省十佳服装制版师大赛

图3-28 浙江省十佳服装设计师大赛

晓泽圆满完成颁奖礼服的制版与样衣制作任务，向现场及屏幕前的各国观众展现了中华民族文化和大国工匠精神，同时也提升了分会影响力。

人才是产业发展的核心驱动力，浙江在服装教育领域的优势也是其产业发展不可或缺的一环。“1985 年，浙江丝绸工学院（现浙江理工大学）成立服装系，并于 1993 年进一步提升为服装分院。浙江省服装产业正经历从传统向现代时尚与艺术设计转型的过程。这一阶段，学校的专业设置不断丰富，新增了服装设计与工程、时装表演等重要专业方向，专业的扩展与院系的成立显著提升了教育和产业的联动性，为地方经济发展提供了强有力的人才支撑。”浙江理工大学服装学院院长崔荣荣介绍。

他认为，随着全球化的发展，浙江省服装产业需要更多具备国际视野和创新能力的人才。

2000 年，浙江理工大学服装学院与美国纽约时装技术学院（NYFIT）合作办学，成立了浙江国际时装技术学院。2012 年，浙江理工大学服装学院与杭州红袖服饰有限公司开展实验班，培养设计新秀，成为 2019 年获批浙江省第一批产教融合师范基地。2021 年，服装学院开始扩展与产业深度对接，“时尚创新现代产业学院”入选省级重点支持现代产业学院。该项目旨在深化产教融合，培养高素质复合型服装人才，满足浙江省打造世界级时尚产业集群的人才需求。浙江理工大学服装学院与浙江华鼎集团、卓尚、万事利等数十家行业标杆企业联合成立时尚产业创新产教融合基地。

当下，浙江省内有 17 所服装专业院校，包括中国美术学院、浙江理工大学、浙江科技大学、浙江农林大学、浙江传媒学院等，为产业孕育无数的希望。

三、品牌文化价值的输出

在东方设计力量的鬼斧神工下，浙江逐渐成为一个兼具时尚和艺术气质的人文胜地。多元的文化符号被融入时尚当中，让时尚变得更加自由包容，充满无限创新与活力。众多杰出设计师在国际舞台上不断探索的精神和荣耀时刻的不断铸就，也激励着更多的浙江服装企业。

2023 年底，雅戈尔集团股份有限公司公告称，拟将公司名称变更为“雅戈尔时尚股份有限公司”。雅戈尔方面称，公司已确立建设世界级时尚产业集团的战略目标，未来将进一步聚焦时尚主业，用时尚文化助推雅戈尔迭代升级，坚持长期主义，加大品牌投入、市场建设和人才引进培养。“只有文化，才能让雅戈尔继续发展，一百年、两百年，甚至更久。”雅戈尔集团董事长李如成说。

事实上，雅戈尔在时尚界的布局早已开启。

在 2018 年年报中，雅戈尔就提出了打造“国际化时尚集团”的企业愿景，对于服装业务板块的称谓也从“品牌服装”变更为“时尚服装”。

2021 年，雅戈尔再次强调时尚导向，推进品牌矩阵建设，进一步完善时尚产业生态布局，目前其已有四大自有品牌——雅戈尔、MAYOR、哈特·马克斯、汉麻世家。此外，雅戈尔还投资并购了街头潮牌 UNDEFEATED 和挪威国宝级户外品牌海丽汉森牌（Helly Hansen）。2022 年 9 月，美籍华裔设计师王大仁（Alexander

Wang）同名品牌 Alexander Wang 宣布获得来自挑战者创投与雅戈尔集团的少数股权投资。

值得关注的是，由浙江省人民政府、中国品牌建设促进会等单位联合发布的“2023 中国品牌价值评价信息”名单中，雅戈尔以 374.5 亿元品牌价值，名列纺织服装领域第一位。

近年来，雅莹的品牌化发展也走上了“快车道”，陆续创建多个新品牌，包括高端年轻品牌贝爱（DOUBLOVE）、精致生活方式的高端零售集合店品牌雅斓名店（GraceLand）、当代设计师品牌恩派雅（N.Paia）、多品类生活方式集合店品牌大雅家（DAYA+）和童装集合店品牌小雅（LITTLE SPACE）。与此同时，雅莹开始更加注重根植中国文化，EP YAYING 雅莹主品牌在产品线布局上确立了“世界的 EP，中国的雅莹”（图 3-29）双核产品线战略，成为“雅莹美丽中国梦”文化自信的体现。

GLOBAL TIMES
METRO SHANGHAI
Today's weather 22° HIGH 18° LOW
Pulse Young Chinese Consumers
Community Showcasing and selling
Iconic Chinese brand EP YAYING celebrates 30th anniversary
Culture & fashion

图3-29　《环球时报》整版报道2019年春夏“EP雅莹之夜”盛况

时尚不仅是外在美好，更在于其背后蕴含的精神、情感与生活哲学。雅莹集团董事长张华明表示，这不仅体现在雅莹产品内涵创意匠心、独特价值，品牌创新突破、可持续发展，也印证雅莹品德、思想和心态，最终形成一个时代高尚精神与文化引领。

未来雅莹将继续致力于弘华之毅、扬华之美，在品牌的每一处细节中，展现中国时尚精神、文化和自信，共同讲好中国大美故事，共创中国时尚好品牌。

当品牌文化在消费者心中日益根深蒂固，企业开始探索更多元化的发展路径，以满足不同消费群体的需求，这也为品牌的持续成长注入了新的活力。

安正时尚集团股份有限公司对旗下拥有的“玖姿(JUZUI)”“尹默（IMM）”“摩萨克（MOISSAC）”“安正（ANZHENG）”“安娜寇（Annakro）”五大自有时装品牌的风格、定位及消费人群等多个维度进行了梳理和调整，针对多个维度进行落地和延展，以推动品牌新升级、推进全域零售新布局为战略方向。

“长路漫漫，‘安’于上下求索；潮流易变，‘正’道初心不改。”安正时尚董事长兼总裁郑安政表示，安正时尚将继续坚守品质至上的匠心精神和以战略为导向的长期主义精神，重点驱动核心板块业务高质量发展。

浙江乔顿服饰股份有限公司董事长沈应琴表示，品牌文化的传播是企业品牌战略最重要的一环，不仅能够大幅提升品牌在消费者心目中的地位和形象，并且可以获得更高的认可度。

他举例：“2015 年，乔顿品牌策划推出‘乔顿先生’评选活动，打响了我们品牌文化宣传的重要一枪。我们从来自全国各地报名的消费者中，按照个人气质形象、衣品、人品等几大标准，通过层层选拔，选出各行各业的 10 位精英，把他们定位为‘中国绅士’，并用他们各自的方式演绎对商务男士着装文化的理解。历经八届，先后评选出 80 位‘乔顿先生’，活动不仅受到了消费者的认可，并在男装业内形成一定影响力（图3-30）。”

从成立中国商务男装研究中心，到发布首份《中国商务男士着装大数据》、中国企业家最佳着装榜以及《中国商务男士场合着装白皮书》，再到与中国服装协会、北京服装学院、《中国服饰》杂志、中国纺织出版社联合出版《绅装》一书，足见乔顿对于品牌文化和着装文化输出的重视。

秉承着“把西装穿进日常”的核心理念，乔顿发起并承办多届中国绅装文化节，并开展“绅装万里行”计划，沈应琴同时也坚定地表达了他的志向，“希望能够把绅装文化带到大江南北”。

同样地，在中国服饰文化的广阔舞台上，另一个引人注目的温州品牌雪歌，正以其独特的方式将时尚与地域文化巧妙融合。

图3-30　乔顿先生

自 2013 年起，雪歌“城市之旅”系列时装秀（图 3-31），从长沙启程，走过了成都、西安、上海、厦门、南京、云南等城市，每一场都精心融入所在城市的独特韵味与灵魂。对此，XG 品牌创始人之一的陈迷丽有着深刻的见解，她认为“城市之旅”远不止于一场场品牌发布会的简单呈现，它更是 XG 品牌勇于承担传承与弘扬中国服饰文化重任的生动实践，这一使命感的驱使将促使 XG 品牌不断前行，持续探索与传承。

这种根植于城市文化的深刻理念，不仅体现在服饰品牌对地域文化的挖掘与融合上，更深深烙印在永宁巷 1 号商业街区这样的城市更新项目中。“作为新街区商业，我们有一个区别于其他项目的显著特征——保留原有建筑的旧貌，在此基础上进行商业空间的拓展。”永宁巷 1 号主理人郑驾威介绍道，永宁巷 1 号商业街区的前身是建造于 1958 年的宁波永丰布厂，也是博洋集团

图3-31　2024年丹霞雪歌地标大秀在甘肃兰州张掖发布，这是雪歌城市之旅的第十站

的前身，整个项目的改造都在旧厂房里进行。

在传承与创新交织的浪潮中，宁波高新区见证了太平鸟时尚中心“鸟巢”的崛起（图 3-32），这座建筑不仅以其独特的螺旋形态和“热流”设计理念成为城市新地标，更将城市文化、历史传承与现代时尚创新完美融合，开启了新的高度。太平鸟董事长张江平在落成仪式上致辞，强调了这一时尚中心作为聚焦青年文化与中国设计的“双摇篮”角色，旨在通过平台力量，引领时尚潮流，为新时代消费者带来前所未有的前卫体验。

从不同维度，红袖董事柳成对如何传递品牌的价值也有自己的思考：“我想，任何一家企业，传递价值的渠道通常只有两个：产品和服务。一款产品，从设计研发、面料采选、生产制造，直至保管流通，这些环节，顾客看不到，因为他们没有参与。但顾客把产品拿在手里，穿在身上的时候，他们能感受到颜色款式是

图3-32　太平鸟时尚中心

否用心研究了，面料辅料是否用心甄选了，生产制造时是否严格把关了，店铺的装修布置是否让顾客感觉愉悦舒适，甚至店员在店铺对待自己公司产品的态度、对待顾客的态度，都是顾客衡量的标准，品牌是否有价值，是否物有所值，或者物超所值，顾客会用购买行为来打分。”

四、被推进的品牌国际化进程

势起东方，耀目国际。不止于品牌文化的塑造，在全球化的视野中，企业嫁接国际优势资源的步伐也在不断加快。

一方面，浙江省部分服装企业加入了国际品牌合作并购的队伍，从而获得研发团队、管理团队、营销理念及市场渠道。另一方面，为了加快“走出去”步伐，也有不少企业纷纷布局海外跨境电商平台，相继亮相国际时装周和展会，更有一些“先行者”直接在国际市场建立自主品牌销售渠道，在提高品牌知名度的同时，取得了一定的市场份额。

2010 年，美特斯邦威集团公司率先与跨境电商平台 eBay 合作，品牌网店上线 eBay 在美国、英国、德国及澳大利亚站点。据悉，这也是 eBay 首次携手中国知名服装品牌，亮相海外市场。

与 eBay 合作是美特斯邦威海外战略的重要一步。借助当时 eBay 遍布全球 160 个国家和地区的消费群体，美特斯邦威还可以通过交易了解海外市场的流行趋势、消费者习惯等信息，用于产品设计、创新与营销策略的调整，提升企业品牌及产品在国内、海外市场的竞争力，为消费者提供更好的购物体验。

2016 年，森马服饰电商子公司入驻东南亚线上平台 Lazada。

其决策基于深刻洞察了 Lazada 当时高达 15 亿美元销售额的平台潜力以及东南亚地区庞大的 5 亿潜在客户市场规模。公司旨在借此契机，迅速渗透并扩张东南亚市场，加速提升市场份额，致力于提升森马品牌的国际知名度。

外延式并购也成为那几年浙江服装企业推进国际化战略布局的重要手段。

2015 年 4 月，森马服饰出资 1.15 亿元认购韩国电商服务的领军企业 ISE 股份，占 ISE 公司 17.67% 股份，成为 ISE 的第二大股东。韩国 ISE 公司旗下主要运营 WIZWID 网站和 WConcept 网站，其中 WIZWID 网站是韩国第一家提供跨境电商服务的网站，在韩国代购电商市场占有率达 50%。

2015 年 7 月，雅戈尔旗下全资子公司新马国际以 13.95 港币 / 股的价格认购中信股份新股 8.59 亿股，交易总额为 119.86 亿港币。此举意在夯实双方业已建立的战略合作关系，并通过中信股份平台促进雅戈尔国内外战略资源及业务机会，推动公司转型并强化盈利能力与影响力。

2018 年 2 月，安正时尚集团有限公司合资成立锦润时尚（珠海）服饰有限公司，代理经营英国奢侈品牌 Stella McCartney 及 Stella McCartney KIDS。同年 10 月，安正集团收购以母婴产品代运营为主的上海礼尚信息科技有限公司 70% 的股权。

随着浙江服装企业与跨境电商的合作以及外延并购的加持，越来越多的企业看到了蕴藏在海外的商机，在中国服装产业向时尚强国踔厉奋发的征途中，率先走出国门，带着品牌的尖端优势让世界见证中国时尚力量。

诸如麦檬等服装品牌陆续走向国际展会，向世界展示了浙江服装品牌的文化内涵和精神力量。同时，雅莹、伊芙丽、巴拉巴拉等越来越多的品牌在海外开设店铺，不仅拓宽品牌的国际化视野，也提升了中国服装品牌的国际影响力和竞争力。

品牌越发展，就越开放，中国开放的大门只会越开越大。

从国际形势来看，党的二十大报告提出，推进高水平对外开放，稳步扩大规则、规制等制度型开放，加快建设贸易强国，推动共建“一带一路”高质量发展，这是中国推进高水平对外开放的宣言。

2023 年中国“出海品牌百强榜”中，服饰鞋包（不包括潮玩、母婴）成为第二大品类。从产品、产能走出去到品牌、资本走出去，出海趋势蔚然成风，中国服装产业进入全球化发展的崭新阶段。

“我们和印度最大的母婴电商平台 Hopscotch 合作已有半年了，匹配度和契合度还挺高的。”弗兰尼尔（湖州）服饰有限公司负责人胡群雅认为，出海中东中亚西亚与一带一路、丝绸之路有许多契合之处。胡群雅认为织里童装价廉物美，在东南亚绝对有竞争优势。随着“一带一路”倡议和 RCEP 自贸协定等的持续推进，以及我国跨境电商的加速发展，将推动我国服装外贸出口走向新的高度。

更高的站位和更广的视野不仅让浙江省服装企业提升了中国时尚品牌的国际竞争力，也为中国时尚产业的全球化发展开辟了新的路径，展现了浙江服装企业的无限潜力。

五、艺尚小镇的竞逐之势

在浙江时尚产业声量的持续扩大和时尚版图的持续拓宽中，这片时尚沃土上孕育出熠熠生辉的璀璨明珠——艺尚小镇（图 3-33）。作为浙江服装产业链接全省、全国乃至全球的时尚据点，艺尚小镇汇聚了大批优质资源，形成了一个集创意、设计、展示、销售等产业链协同的时尚产业生态圈。

在艺尚小镇这一时尚产业生态圈的蓬勃发展中，我们看到了浙江时尚产业从点到面、由局部至整体的深刻变革与全面升级。它不仅为设计师们提供了广阔的创意舞台，更为企业搭建了高效对接全球资源的平台，加速了时尚产业链的深度融合与创新发展。

关于推进中国时尚产业向“新”，竞逐于世界的梦想，艺尚小镇早已镌刻于发展蓝图之上。“十三五”期间，浙江以“特色小镇”为抓手，重点发展“八大万亿产业”，时尚产业在列，艺尚小镇围绕着打造“中国时尚品牌话语权主阵地”核心目标于临平应运而生。

从一张规划图纸到一个成功入选全省首批特色小镇，艺尚小镇实现了从一片农田到时尚地标的华丽转身。

图3-33　艺尚小镇

“在过去 30 多年的发展过程中，中国以服装为载体的时尚产业品牌在全球的时尚浪潮并没有一席之地，艺尚小镇的诞生便是实现‘中国时尚品牌话语权’的第一步。”中国服装协会副会长、艺尚小镇“镇长”郑念华表示，能够见证中国时尚产业的崛起，是艺尚小镇之幸，更是当代时尚产业“弄潮儿”之幸。

竞逐时尚产业，艺尚小镇“家底儿”丰厚，艺尚小镇以设计为中心集聚时尚企业总部，以数字化转型为动力构建产业集聚核心竞争力，以互联网营销为平台创新商业模式，以“国潮”文化为内核加速新兴时尚品牌快速崛起，已经成为中国时尚产业创新发展的引领者。

目前，已集聚企业2600多家，其中包括伊芙丽、INXX、Chuu、13demarzo等服装企业总部，黛玛诗、迪尚集团等服装企业区域总部，李加林织锦、台绣等传承中国传统技艺的创新品牌，以及推动服装行业数字化转型升级和实现智能制造发展为核心的中国服装科创研究院与杭州“十大文化新地标”的临平大剧院等。

梧高凤必至，花香蝶自来。同时，艺尚小镇招引了“中国织锦艺术大师”李加林、“中国工艺美术大师”林霞、“巴黎时装周中国第一人”谢锋，集聚张义超、王玉涛等中国时装设计师最高奖“金顶奖”设计师，施杰、叶建英等中国十佳设计师，赵大喜、余潇潇、张子萱等网红电商品牌，成为引领临平时尚产业变革的主力军，初步形成“设计师+网红”“品牌+红人”等新模式。

近年来，艺尚小镇以设计为中心，构建数字化产业集聚，加速新兴品牌崛起，如今已经肩负起杭州市建设时尚产业名城、驱动引领浙江省时尚产业迈入超万亿元规模的重任。阵阵东风之下，其已成为浙江稳增长、调结构、强创新的重要载体之一，并被寄予浙江时尚产业“一号引擎”的美好期待。

随着艺尚小镇在国内时尚产业中的影响力日益增强，郑念华的战略眼光已不仅仅局限于国内市场的深耕细作，而是更加聚焦于全球时尚版图的拓展与布局。正是基于这样的战略考量，艺尚小镇开始加速其全球化进程，以更加坚定的信心将目标瞄准“世界级”。

眼下，国际格局加速演进，国际化的视野和思维方式显得尤为重要。郑念华深谙全球化带来的机遇与挑战，“中国的品牌需要升级，走向国际舞台，这是大势所趋，也是我们的必由之路”。

2023 年 3 月，艺尚小镇成为中国纺织工业联合会、中国服装协会、中国服装设计师协会与临平区政府共同推进的“世界级时尚小镇”。同年 9 月，中国服装协会、法国时尚学院和艺尚小镇三方于法国时尚学院内签署中法时尚人才交流计划战略合作协议，计划围绕项目合作、人才交流、培训互动以及教育共创四大方面展开互动合作。

此番动作可以说是对 2014 年“合作交流计划”（图 3-34）的迭代升级，围绕设计人才交流和国际教育共创等展开互动，致力推动小镇与欧洲相关时尚城市的时尚产业和人才交流合作。同时，在此基础上

图3-34　郑念华远赴法国巴黎参加如意·2014中法时尚峰会，开启中法时尚合作之路

建立国际时尚品牌合作中心，聚集国内外时尚品牌定期在小镇交流洽谈；在艺尚小镇建立国际时尚品牌中国总部发展中心，加速国际品牌落户艺尚小镇，推动其产业国际化发展。

在郑念华的带领下，艺尚小镇不断拓宽泛时尚产业边界，以服装时尚为原点，辐射至美妆、运动、家居等多个生活方式领域，构建起一个集时尚、文化、体育、音乐、艺术、旅游于一体的时尚生态圈。

同时，依托丰富的产业与商业资源，艺尚小镇构建了多维度时尚消费场景，深度融合"食、游、秀、娱、购、宿"六大生活要素，实现了从产业聚集到时尚生活的延展，促进了产业与消费的深度交融与共同繁荣，让"泛时尚产业生态链"的愿景照进现实。

作为临平乃至更广泛区域的时尚文化新地标，艺尚小镇每年吸引着上百场时尚盛宴的落户。然而，郑念华的视野远不止于此，他希望将艺尚小镇打造成具备高层次、高质量及国际影响力的时尚活动品牌。

郑念华计划利用小镇原创设计的活力与企业集群的规模效应，结合杭州深厚的历史文化底蕴与领先的科技产业特色，借鉴巴黎时装周等国际盛事的运营模式，发挥国际秀场、临平大剧院等硬件优势，携手巴黎、米兰、伦敦及日韩等全球时尚资源，打造以新时代时尚潮流为灵魂的"杭州艺术时尚周"，通过发布秀、音乐节、潮流展、科技展及互联网传播等多维度的融合联动，促成引领潮流、触动心灵的时尚盛宴。

回溯艺尚小镇的发展历程，它已赫然成为推动中国服装产业迈向高质量发展的闪亮"金名片"。展望未来，艺尚小镇将持续发挥综合优势，促进产业升级，助力杭州成为时尚之都及产业新质生产力第一城，绘就传统与现代交织、东方与国际并蓄的时尚新篇章。

立足中国，面向世界。浙江正以文化为引领，以时尚为媒介，不断探索和实践着产业发展的新路径。在全球化的大潮中，浙江服装产业将以更加自信的姿态，向世界展示独属于中国的时尚魅力与坚实力量。

5

第五节
可持续发展持续推进

绿色是时尚的底色，是新时期纺织服装行业良性循环的基础。特别是自2020年9月，“中国力争2030年前二氧化碳排放达到峰值，努力争取2060年前实现碳中和”战略目标公布后，中国服装行业迈上了可持续绿色发展的“快车道”，一批最具国际战略眼光与社会责任感的企业，先行一步深挖绿色价值。

早已走在绿色可持续道路上的浙江纺织服装产业，作为率先践行“绿色”生产、“绿色”产品，开展“绿色”公益行动、倡导“绿色”生活方式的产业标杆，在绿色可持续道路上越走越远。

以乔治白、狮丹努、达利、申洲、万事利、雅戈尔、雅莹、伟星、森马、江南布衣、报喜鸟、太平鸟等为代表的浙江服装企业和品牌，在绿色生产、绿色产品上的前瞻思维与积极作为，彰显了浙江服装企业绿色转型升级的魄力与决心，在绿色公益、绿色生活上的多维践行与持续倡导，也凸显了浙江服装企业的国际化视野，与对绿色可持续发展的深度理解。由此展现出的浙江服装企业的社会责任担当，令人钦佩也值得后来者学习、效仿。

一、绿色生产，实现节能减排

在源头着手绿色制造，是很多浙江服装企业践行可持续发展的第一步，彰显他们立志全流程向“绿”而行的决心与魄力。

以节能、减排、降耗为目标的绿色生产，是绿色践行中的重要举措。一大批浙江服装企业，通过引进或自主研发先进技术和设备、使用清洁能源和原料、提高或减少水和化学品等资源利用效率、改善管理与全过程污染控制等方式，实现生产工厂的绿色转型。

早在 2011 年，浙江麦地郎领带织造有限公司申报的“色织真丝领带绸废料环保再生技术研发及产业化”项目，便通过了浙江省经济和信息化委员会组织专家的验收，该项目实施也成为行业发展循环经济的重要示范。

浙江乔治白服饰股份有限公司，利用定制的产业优势全面推行绿色制造，在做好节能提效的同时，乔治白团结协作上下游产业链商业伙伴，积极促进供应商加强环境排放及能源、资源消耗管理，并通过绿色供应链信息管理平台的搭建与实时监测，确保供应链体系在绿色设计、绿色包装、绿色物流等方面符合绿色制造要求。

2022 年乔治白荣获 2021—2022 年度服装行业“LINK-ESG 商业向善”品牌评选活动颁发的“可持续时尚发展奖”，2023 年成功入选“绿色供应链管理企业”名单。

21 世纪初就立足于可持续发展的狮丹努，其长期碳排放愿景为：到 2025 年，实现以 2016 年为基线，单件碳排放低至 15%，50% 电力为清洁能源电力；2030 年全集团范围内实现碳中和，大部分使用清洁能源，其余通过购买绿证实现；2035 年所有电力为清洁能源电力，逐步实现零排放。

2022 年，狮丹努就在国内外 3 家生产工厂安装了光伏太阳能电站，总装机容量为 2400KWP，年发电量约 275 万度，清洁能源电力占总电量的 30%，每年可减少温室气体排放量约 2000 吨。

同年，狮丹努还和浙江佳人新材料有限公司签署了废旧纺织品循环再利用战略合作协议，共同以“可再生纺织品回收及闭环项目”助力行业低碳行动。

荣获“2018年度美丽浙江十佳绿色发展示范单位”、2023年“国家级绿色工厂”和“工业产品绿色设计示范企业”的达利丝绸（浙江）有限公司，近年来也通过深化工业生产绿色转型，创新节能降耗，整合二、三产业，大力开发旅游附加值，走出了一条生态环保、资源节约、经济与生态协同发展的可持续发展之路（图3-35）。

达利丝绸发布的2023年绿色发展报告中表明，达利丝绸通过生产环节的智能化改造提质增效，减少了原料耗损、污水排放与二氧化碳排放，节省了能源、电费、水资源的使用。

图3-35 达利丝绸生态工厂开放日

目前，行业首创的清水精练生产线已正式投入生产，该项目也被省科技厅列入“2021—2023年度可持续发展先进适宜技术研发示范推广省重点项目”。而公司通过日常运营中的资源足迹、排放足迹、环境足迹的全方位检测统计，为实现全生命周期的绿色制造、低碳减排和可持续产品开发提供数据支持和保障。

同样在节能制造方面下功夫的申洲国际集团控股有限公司，最新披露的2023年ESG报告中，也给出了卓有成效的数据。站在“长期利他，终会利己”高度、坚持可持续发展战略的申洲国际，在中国、越南、柬埔寨工厂建立了全面的环境管理体系（EMS），对能源利用、温室气体排放、水资源使用、废水排放管理、废弃物和化学品管理等进行详尽评估。这一举措助力制造工厂获得并认证了绿色建筑，反映了集团从工厂设计之初就融入低碳绿色节能的理念。

2023 年，申洲国际相较于 2020 年实现了 11.6% 的碳减排；整个集团电力消耗实现了约 49.9% 的绿色化，近 4 亿千瓦时的电力为绿色可再生电力；场外购电协定绿色电力购入量增长 74.7%；屋顶光伏装机容量达 75MW，同比增长 65%；RO 水和中水使用量增长 47.3%，且大量使用生物质与天然气取代煤炭使用，生物质使用量增长了 167%。

2023 年，申洲国际三大生产工厂还新种植了 5746 棵树，从不同维度实现绿化环境、降低碳排放影响的目的。申洲国际还通过与合作供应商等利益相关者的协同合作，打造低碳供应链，共同推进绿色制造、绿色包装、绿色运输的同时，确保产品全生命周期碳排放的公开透明可追溯。并积极参与行业论坛和气候交流，进一步联动更多志同道合者加入气候行动。

二、绿色产品，从摇篮到再现的生命闭环

在绿色产品的打造上，有着多元创新模式的浙江服装企业关

注到的不仅是作为产品核心和基本要素的原材料，更是从设计前端就开始融入可持续思维，充分考虑产品从摇篮到再现的生命周期闭环，即设计开发、生产制造、包装运输销售、使用和维护以及废弃后对环境造成的影响。

选用天然可再生的环保材料或循环再利用的再生材料、以裁片不剪裁减少零碎废料产生、延长产品使用寿命、提前考虑产品的回收再利用等，都已经成为绝大多数服装品牌走在可持续道路上的关键之举。杭州土生土长的老牌民营企业万事利集团，在绿色原料的应用与推广上颇有发言权。

始创于 1975 年的万事利是一家以丝绸文化创意为主导产业，辅以生物科技、资产经营、投资管理等多元产业的现代时尚产业集团。随着“二代”接班人屠红燕执掌集团后，万事利开始调整产业布局，把更多的精力聚焦在丝绸主业上，突出丝绸文化，加大技术创新（图 3-36），强化品牌核心，试水“丝绸 +”的跨产业合作模式，一步步赋予传统丝绸新的生命力，让更多人选择丝绸，爱上自然环保面料带来的卓越体验。

图3-36　北京冬奥会表彰大会“雪花奖章”的绶带来自万事利丝绸，在GBART数字化绿色印染核心技术支撑下，生产过程近乎零碳零污水排放

2023 年杭州亚运会上，结合万事利自主研发的 AIGC 设计系统，万事利花了近 10 年时间研发成功的无水印染技术和无水印染一体机惊艳亮相。这一实现了从高污染到零排放、从 5000 平

方米到 50 平方米、从半个月到 2 小时、从大批量生产到个性化定制的突破创新技术与产品，不仅有助于万事利自身的发展，也助力行业共同迈上绿色新质生产力的升级道路。

而雅戈尔更是经过十多年坚持不懈的投入，建成了全球唯一的汉麻全产业链。这一天然原料的创新开发，有效地改变了纺织行业的原料结构，进一步代替石油、煤等矿物原料，减少对矿物能源的依赖，减轻能源消耗给环境造成的污染，推动行业绿色可持续发展。

同时，雅戈尔也通过进一步的技术革新，不断拓展汉麻的应用市场。2018 年，雅戈尔在汉麻时尚（服装）应用的基础上，成立了汉麻家装和汉麻家居事业部。如今，汉麻还拓展向食品、化妆品、医疗、能源等领域，为这些领域带来新的材料绿色革命。

此外，近年来，雅戈尔还通过创新研发的“旧衣”再造方案，解决服装行业普遍存在的库存问题，同时降低再次开发造成的资源和能源浪费。

图3-37　雅戈尔时尚创新100可持续艺术展

2024 年春夏 MODE 上海服装服饰展期间举办的“源来如此——雅戈尔时尚创新 100 可持续艺术展”上（图 3-37），那些改造后的旧衣重新登场，收获了业界的一致好评。

雅莹集团则从原料端开始追本溯源。

从四川宁南、云南陆良的桑蚕丝，阿坝州的牦牛绒，到内蒙古阿拉善的山羊绒……雅莹从源头优选原料的同时，也在以行动协同助力当地的生态建设、脱贫攻坚、产业发展。

2022年，雅莹牦牛毛绒综合开发案例入选《可持续消费中国企业行动报告》，并在第27届联合国气候变化大会上重磅亮相，向世界传播中国可持续时尚的美好故事。

2023年，《雅莹集团2022年度社会责任报告》中显示，雅莹将逐步向ESG转型发展，并进一步将企业社会责任落到企业品牌核心业务实处，聚焦顾客最关心的可持续时尚，结合可持续设计、责任采购、品质制造、真诚服务、循环利用5大板块，以及人文共富、回馈社会这两个可持续层面，构成“5+2”可持续闭环责任战略，与所有利益相关方一同共创可持续美好生活。

其中，可持续设计方面，不断探索“一衣多穿”的可持续理念，传承并创新非遗匠艺手工坊，以热爱与情怀扩充对“可持续设计”的时尚表达。

责任采购方面，雅莹成立了材料研发中心，以“自然之爱”与“文化之脉”，对牦牛毛绒、桑蚕丝、山羊绒、长绒棉、运动再生材料、雨露麻、白鹅绒等可持续优质材料追本溯源，促进人与自然和谐共生的现代化发展。同时携手负责任的供应商合作伙伴，推进原材料产业链更透明、更稳定，共同实施生态文明体系建设。

在产业园区和全球门店运营中，雅莹也通过自建光伏发电站提升绿电占比，把关业务全价值链采购、制造等环节，携手各利益相关方扎实走好绿色可持续发展的每一步。

真诚服务方面，雅莹秉承“用好的材料做好的衣服，为女性顾客带去美”的真诚与初心，在日常服务中持续深化品牌的透明性、可信度，更是通过一系列环保活动与环保产品的推出，促进环保生活方式的传播。此外，“EP YAYING 牦牛绒系列成衣余料再创意”等循环创意活动的推出，也让服装余料焕发新生，推动了资源可持续利用。

作为国内服装辅料行业的领军企业，创立于 1988 年的浙江伟星实业发展股份有限公司，不仅在绿色制造方面深入研发推进低碳的技术和生产管理项目，严格执行三废的控制以及推进节能减排项目，实行化学品从采购到废弃物处置的全生命周期管理，由此在 2021 年成功获评“浙江省级绿色低碳工厂”。

同时，伟星股份也成立了可持续发展部，研发可持续产品及开展节能减排项目，将“更自然，更安全，更环保，更友好”的理念转化为更多可持续产品，并通过与国内外客户携手，共同推进可持续产品在商业领域的大规模使用。

2015 年，伟星股份就推出了第一款 GPS 产品“宝特瓶再生拉链”，2021 年伟星股份打造出可持续子品牌“ECOSAB”。2022 年，伟星股份形成“资源循环”“绿色制造”“回归自然”三大核心环保系列产品，实现了 8 大品类、21 种原材料的循环利用，循环产品中的回收原料占比最高可达 50% 以上，最大限度减少对原始材料的使用，降低对环境的影响。

其中，伟星股份的生物基 POM 拉链，每 100 条生物基 POM 拉链能减少 1.62kg 碳排放，相比传统 POM 材料降低了 50%；而另外一种 R-PET 拉链及纽扣，2021 年使用的回收材料相当于每年回收 3325 万个塑料瓶，减少了碳排放约 1162 吨，相当于 501 辆家庭用车一年的碳排放。

此外，伟星还通过金属化学反应着色替代传统电镀着色，减少约 73.5% 的碳排放及 28.6% 的耗水量，通过在纱线纺织过程中添加色母粒形成的色纱，搭配原色铜拉头和牙齿打造原色原纱拉链，减少 80% 的用水量，降低约 50% 的碳排放。

三、绿色公益，不止于环境保护

2015 年，联合国正式制定了 17 个全球可持续发展目标，而随着国内可持续时尚发展理念一步步向深处走，服装时尚企业也愈加打开视角，从社会、经济和环境三个维度出发，通过不同主题的绿色公益行动，加强企业的可持续绿色升级。

纵观浙江服装企业，除了开展一系列的保护环境相关的绿色公益行动外，在人文关怀、人才教育、性别平等、脱贫致富等方面投入大量精力财力的，绝非个例。

申洲国际便通过加强员工关怀和福利、推动性别平等和女性赋权等方面的举措，确保员工的身心健康和安全、成长与发展，强化集团凝聚力与人才稳定性。并通过爱心食堂、教育支持、无偿献血、环境保护等持续的社区慈善活动，为社区整体福祉做出贡献。

2023 年，来自中国、越南和柬埔寨工厂的 520 多名女性在各自的职位上获得了晋升，315 名休完产假的女性接受了重返工作岗位的培训，有 26957 名员工参加了预防性骚扰培训，10809 名女性员工参加了家庭财务管理技能培训课程，突显了申洲国际对她们在工作环境之外的福祉的承诺。

申洲国际“你我共叙申洲的故事”已经进入了“以女性故事

为主题”的 3.0 时代。2023 年，申洲国际向望江县幸福家园专案捐款 300 万元，为乡村振兴和建设美好社区做出贡献。为了向消防员提供社会各界的支援和关怀，减轻消防员的顾虑，申洲国际向烈火雄心公益慈善基金捐款 50 万元。

万事利则是充分发挥自身在产业资源、技术、服务、品牌等各项优势，深入精准扶贫、乡村振兴的一线实践中，在浙江开化试点铺开彩色茧养殖，直接带动当地 300 多户家庭、近千农民就地创业，桑农每年增收超 30%，为当地环境与人民带来可持续发展的美好未来。

与此同时，万事利还进一步走出浙江，全面助力中西部地区城乡协调发展。结合产业特色，万事利着眼产品原材料来源地的云、贵、川等省份的一些欠发达农村地区，将销售额的 40% 左右补贴给栽桑养蚕的农民，谱写一个又一个“一床蚕丝被，脱贫山区一家人”的共富故事。

凭借绿色供应链、绿色设计、绿色物流、绿色办公、绿色公益等维度全面发展的浙江森马服饰股份有限公司，在绿色发展方面斩获多项荣誉，包括荣获 2021 年“绿色供应链管理企业”，2022 年中国可持续时尚“影响力领袖企业”“中国纺织服装行业气候创新行动先锋单位”，2023 年入选浙江省第一批绿色产品（服务）认证“领跑者”名单。

细数森马近年来的绿色公益行动，从森马携手赛得利，向鄱阳湖湿地生态保护中心捐赠保暖服装，助力生态保护，旗下巴拉巴拉童装携手赛得利开展“鄱阳湖环保公益艺术展”，呼吁更多人关注江豚保护；到森马旗下 Marc O’polo 品牌将季末库存商品送给慈善机构，令其物尽其用；再到连续十多年举办大型公益活动“巴拉巴拉盒子礼物”，累计号召上万名志愿者，为 20 多万名贫困儿童送去了爱与关怀……这些公益行动，充分彰显了森马积极投身绿色公益事业，携手消费者及更多合作伙伴，共同为绿色消费和环境守护贡献力量的决心。

对报喜鸟而言，其不仅拥有国家级“绿色工厂”，公司旗下乐飞叶品牌2023年还在10座城市举办了20余场“走净山野，无痕户外”环保主题活动（图 3-38），号召超 600 位户外环保爱好者在享受户外徒步的同时净山捡塑，为自然减负。“无痕户外”系列已成为品牌社群专项活动，而这一绿色践行案例也于 2023 ECI FESTIVAL 国际数字创新节上获得 2023 ECI 企业 ESG 实践创新奖。

此外，报喜鸟还积极组织、参与各项社会环境保护活动，倡导保护自然生态，投身阿拉善“锁边生态·种树植心”公益事业当中，持续十年认种公益植树林共计 1000 亩，在沙漠中播种绿色希望，

图3-38　乐飞叶希望“无痕户外”活动能引领更多人走进自然，爱护生态

为生态文明建设与环境治理贡献力量。

四、绿色生活，从独行倡导到协同引领

产品的最终归宿是融入消费者的日常生活，朝夕相伴。在推进服装时尚产业的可持续绿色发展过程中，引导消费者开启绿色生活方式，也是至关重要的一环。

从为消费者提供可持续产品，鼓励绿色消费、环保选购行为，到提倡惜物爱物，通过重复使用与旧物再造的方式延长衣物产品寿命，再到呼吁更多人关注人与自然的关系，从日常生活的细微行动开始减少损害自然的行为，保护自然生态……

越来越多的服装企业、品牌通过多举措并行的方式传导可持续绿色生活方式。而在浙江服装产业中，走在绿色发展道路前沿的服装企业，更是从独行倡导逐步向协同引领的方向转变。

第一家率先响应国家碳中和加速计划的品牌企业太平鸟，自 2021 年起，就在年度报告中增设了“环境与社会责任”章节。

近年来，太平鸟在减碳固碳、社会责任、供应链管理等议题上的实践也较为突出。除了企业自身的可持续绿色发展外，近年来，太平鸟还积极携手 VEGAN TIGER、8ON8、VISIONAIRE 等合作伙伴，推出可持续时尚系列，共同向消费者传递可持续绿色生活方式。

与此同时，为启发更多时尚伙伴加入可持续生活的队伍，太平鸟特别整理出《自然力生活手册》，从穿自然、活自然、种自然、食自然和学自然五大方面入手，激发实用好玩的可持续生活灵感，号召更多追求绿色生活方式的消费者从日常生活中着手，来减少

碳排放和对自然环境的负面影响，推动可持续长久发展。

雅戈尔联合天目里团队在上海淮海中路开出的中国首家可持续生活方式商业项目“HAI550”的正式开放，也充分彰显了不断探索和实践可持续发展战略的雅戈尔在经济可持续和环保可持续方面的创变升级。

“HAI550”以“自然而然的跨光谱都市生活”为定位，旨在召集更多坚持“自然而然”商业理念的品牌，构建一个垂直自然、向上延伸的自然社区，以内容为引擎，持续开展各类可持续主题活动，传递可持续商业价值，诠释顺心而为的自然生活美学。

伴随“HAI550”开放一同亮相的游隙 UOOSEE，是一个让废弃论坛重生为包袋的品牌；使用纸壳搭建店铺的 WAAR CHI，则是一个关注古建筑的生活方式设计品牌；而酿造茶品牌大地茶场 tataTe 则致力于钻研茶叶发酵，希望将茶山里野生、有趣、有力量感的天然风味带给城市里关注自然健康质朴的消费者；Patagonia 旧衣回收工坊则可以让人们加入“不赶时髦”的周末交换市集，体验户外衣修理服务、户外衣回收再造手工坊活动……

雅戈尔的视角跳出了时尚产业，真正聚焦到生活的方方面面，探寻能够与当代年轻人产生共鸣、为他们的绿色生活方式增添更多美感与意趣的品牌。

而持续更新的快闪、展览和内容，也将为消费者们在不断焕新的可持续生活体验中，真正将可持续生活方式，融入日常生活。

绿色是最普世的底色，也是最永恒的篇幅！

正是这些有着社会责任担当与果敢坚定行动力的浙江服装企业，共同组成了浙江纺织服装产业的基石，也锚定着浙江纺织服装产业未来高质量发展的绿色航向。

第四章

阔步向未来

NEW JOURNEY

风雨闯新路，潮涌显初心。回忆往昔，“地瓜理论”如同春雨般滋润了浙江这片广袤土地，孕育出了生机勃勃的“地瓜经济”。如今，约800万浙商遍布全球，织就了一张庞大的经济网络，使浙江在全球资源配置中占据了一席之地，构建了更加坚韧、充满活力与竞争力的开放型经济体系。展望未来，站在坚韧的征途上，浙江服装产业当以挑战为契机，铸就辉煌品牌，提升核心竞争力，向着更加辉煌的未来迈进。浙江省服装行业协会将全力推动浙江服装行业成为引领中国服装行业话语权的主阵地，成为中国服装行业品牌、科技、国际、文化、设计、绿色创新发展的引领者和推动者！

1

第一节 机遇与挑战

在迈向未来的新征途中，我们已经站在机遇与挑战交织的“十字路口”。机遇与挑战面前，正所谓：忆往昔——“地瓜”甘霖降，浙商豪情越五洋。经济织网遍天下，资源配置领风尚；望前程——征途虽险长，服装产业志如钢。“浙”里风华映寰宇，共谱时代新华章。

一、数智启航，灵思织锦，星河璀璨

在数字浪潮的汹涌澎湃中，浙江服装产业以其数智创新之翼，绘就了一幅幅耀眼而恢宏的未来数字景观。

首要是政策的睿智引领与坚实护航。浙江省政府以前瞻性的战略眼光，密集出台了《关于加速浙江省纺织服装产业数智化转型的若干战略举措》等重磅政策，细化了 12 条转型路径，通过精准诊断、典型示范、标杆引领，全面激发了产业数字化的澎湃动力。

浙江纺织服装企业的创新活力与实践勇气，则是这场变革的中流砥柱。

以浙江服装品牌为代表的行业先锋，深度融合智能化生产线与数字化管理体系，编织出一幅从创意萌芽到市场绽放的全链条数字化画卷。智能设计，瞬息捕捉潮流脉搏；智能生产，精准雕琢品质细节；大数据分析，洞悉市场风云变幻，为企业战略决策提供了坚实的数据支撑。

值得一提的是，浙江纺织服装产业集群的蓬勃发展，犹如繁星点点，也将进一步汇聚成璀璨的星河，通过集聚、配套，适配，反哺，星汉灿烂，交相辉映——萧山化纤、柯桥纺织、桐乡化纤等千亿级巨擘，海宁经编、兰溪棉纺等百亿级集群，共同编织了一张数智化协同发展的巨大网络。

在这里，资源共享、技术交流、合作创新蔚然成风，推动着整个产业向着更高水平、更深层次迈进。

“未来已来，只是尚未均匀分布。”于这场数智化的交响乐中，智能生产线如同跳跃的音符，数字化管理成为和声的织锦，共同演绎出高效与品质的完美和弦；大数据与物联网的魔法，将使市场趋势与消费者心声变得触手可及，为决策者点亮智慧之光，持续引领浙江服装产业在数字时代破浪前行，成为真正颠覆传统、引领未来的“弄潮儿”。

二、以衣载道，雅韵霓裳，文而化之

浙江拥有“万年上山、五千年良渚、千年宋韵、百年红船”的厚重历史，同时还拥有丰富的非物质文化遗产，国家级非遗项目数量连续 5 年居全国第一。文化的底蕴，悄然滋养，浸润，塑造，凸显着浙江服装产业的内在风骨和特色风情——在浙江这片文化底蕴深厚的热土上，服装产业以其独到的匠心与艺术灵感，细腻编织着文化自信的华彩篇章，尽显“刚柔并济”的东方美学奥义（图 4-1），使得服装这一产业，不仅成为物质生产的体现，更成为承载文化传承与创新的高地，深刻诠释了文化自信在现代工业文明中的核心价值。

毋庸置疑的是，不同区域文化的文化自信，作为民族精神的根基，其深远影响如同江河之水，源源不断地滋养着华夏文明的繁荣与发展——细观浙江的服装品牌，之所以能够在国际市场上崭露头角，很大程度上，得益于其深厚的文化底蕴和独特的艺术表达。

这些品牌，深谙“文化为魂，设计为骨”的道理，将传统文化视为取之不尽、用之不竭的创意源泉，通过深入挖掘江南水乡的温婉气质、古典诗词的意境之美、传统工艺的精湛技艺，以及脱胎于浙江这一方水土，“红帮裁缝”文化与匠心精神，展现了中国传统文化与中国制造的魅力，同时通过现代设计手法和时尚元素的融入，让传统文化徐徐睁开沉睡的眼睛，焕发新的生机活力，走向生活，惊艳世界。

一边是技术，一边是艺术；一边是创意，一边是生意；科技

(a) (b) (c)

图4-1 中国（浙江）民族服饰设计展演作品，尽显东方美学奥义

与文化，设计与商业的邂逅，这种“刚柔并济”的共生状态，正是中国经济之“韧”的生动体现，更是浙江服装产业深入挖掘并尊重传统文化之根脉，在现代社会与商业文明中绽放出的璀璨夺目的“实践之花”。

“云锦天章织浙地，千丝万缕绘风华。”未来，越来越多的浙江服装品牌，也将在注重文化元素提取与运用的同时，在跨界合作、文化传承与创新等方面进行大胆尝试与积极探索，通过与国际知名设计师、艺术家以及文化机构的合作与交流，不断拓宽自己的文化视野与创意边界，为中华文化的国际传播与交流贡献自己的力量。

浙江服装产业在文化探索方面展现出更具高度与广度的自觉性与创新性——以文化自信为引领，以匠心独运的艺术笔触，“以美养心，攻心为上”，浸润自身肌底，让一件衣服内蕴的美学力量从视觉语言的维度塑造出属于中国人的，独立、独特、独到的人格魅力。

三、人才护航，才子入画，能量共振

在全球化浪潮的激荡与消费升级的浪潮中，浙江犹如一艘扬帆远航的巨轮，以人才为舵，以创新为帆，乘风破浪，引领着产业转型升级的新航向。在这片充满活力的热土上，“才子入画来”，成了脚踏实地于一方热土，辛勤劳作、诗意栖居的动人篇章。

以其敏锐的洞察力与前瞻性的战略布局，浙江服装产业巧妙地将传统与现代、本土与国际相融合，构建起了一个多维度、深层次的人才吸引与培育生态系统。在创意设计领域，浙江更是走在了时代的前沿，将创意设计视为驱动产业升级的核心引擎，通过搭建产学研深度融合的桥梁，让原创设计的能量火花在理论与实践的碰撞中璀璨绽放。

未来，高校将进一步发挥作为人才培养的摇篮作用。浙江理工大学、浙江科技学院等学府积极响应时代召唤，开设特色服装设计专业，邀请行业精英加盟，实施“项目制”教学，让课堂成为创意的试验场，学生则在实战中磨砺技艺，激发潜能。实习实训基地的建立，更是为学子们铺就了一条从校园到职场的快速通道，让他们在真实的商业环境中历练成长，为未来的职业生涯奠定坚实基础。

而国际性、高水平的服装设计大赛，则将成为浙江向世界展示其时尚魅力与设计实力的璀璨舞台（图 4-2）。这些赛事不仅汇聚国内外顶尖设计师的智慧与才华，更会通过一系列激励措施，激发设计师们的创作热情与原创动力。设计论坛、品牌对接会的举办，则为设计师们搭建了交流合作的平台，促进了设计成果的

图4-2 浙江景宁民族服饰设计展演，高水平的设计大赛成为浙江向世界展示其时尚魅力与设计实力的舞台

快速市场化，让创意之花结出产业之果。

尤为值得一提的是，在电商直播这一新兴领域，浙江同样展现出了强大的人才聚集优势。作为电商直播的先行者与领军者，浙江不仅孕育了一批批优秀的电商主播，更吸引了大量创意设计人才投身于这一领域，他们凭借敏锐的时尚嗅觉与独特的创意视角，将传统商品赋予新的生命力，引领消费潮流的风向标。浙江政府与企业也积极顺应这一趋势，通过政策扶持、资金支持等方式，为电商直播人才与创意设计人才提供广阔的发展空间与良好的创业环境，进一步巩固了其在时尚产业中的领先地位。

展望未来，浙江服装产业将继续秉持“才子入画来”的诗意情怀，以更加开放的姿态拥抱世界，以更加创新的思维建树行业新范式（图 4-3）。唯有人才与产业的深度融合，人与城市的双向奔赴，能如春风化雨般彼此滋养，共绘锦绣前程图。

图4-3　浙江省服装行业协会举办不同主题的高级研修班

四、精神引领，四千精神，所向披靡

象征着浙商强烈创业精神的“四千精神”——走遍千山万水，

想尽千方百计，说尽千言万语，吃尽千辛万苦，集中体现了改革开放之初浙江人敢于改革、善于拼搏、不畏艰险的品质，是浙江人的群体精神。进入新世纪，为适应转型升级发展需要，浙江在“四千精神”的基础上，又总结了以“千方百计提升品牌，千方百计拓展市场，千方百计自主创新，千方百计改善管理”为内涵的“新四千精神”。

“新四千精神”，在当下与未来，将内化为浙江服装企业区别于他者，内在涌动的一股精神源流——正如有人说，如果你去走访浙商企业，会发现他们的展厅，或豪华或低调，内容往往少不了“红黄绿”三色：红——以爱国为底色，与中央决策部署、与国家大政方针同频，包括参政议政、政商关系、两个健康，以及呼应地方党委政府倡导的热点等；黄——也就是金色，以创业创新为底色，包括就业税收、行业贡献等经济指标，这是企业的基本功；绿——以科技创新和社会责任为底色，包括绿色低碳、数字智能、社会责任共同富裕等。

社会对浙商群体的评价是中肯的、客观的——浙商的创业创富，不靠特殊优惠、不依赖特定资源，而是充分利用国家政策、依靠市场的力量。

未来，浙商精神中的“敢为人先、勇于创新”“诚信为本、品质至上”“团结协作、共赢共享”“开放包容、兼收并蓄”，将激励浙江服装企业不断探索未知领域，敢于尝试新的设计理念、材料和技术，引领时尚潮流，更加注重产品质量和品牌建设，积极履行社会责任，不断提升产品的品质和设计感，打造具有国际影响力的时尚品牌，共同构建时尚产业的生态圈，实现资源共享、优势互补、合作共赢，最后，将中国的时尚文化推向世界舞台，提升中国时尚产业的国际地位和影响力。

浙商精神赋能下的浙江服装产业，将演绎一场激情与理性的交响盛宴。如同炽热的火焰，勇往直前，不畏艰难，恰如“烈火试金情更坚，明灯照路志愈明”。同时，也像一盏明灯，照亮前行的方向，理性分析市场，精准把握机遇，正合“静水深流藏智慧，云淡风轻显从容”——正是这两股激情与理性并驱交织的力量，使得浙江服装产业独树一帜，在全球纺织服装产业版图之间，成为一个绝对的魅力存在。

五、无惧挑战，坚韧征途，星辰大海

可以发现，一直以来，在时代的织锦上，浙江服装产业犹如一位灵巧的织女，穿梭于五彩斑斓的丝线之间，以独特的视角和精湛的技艺，编织出一幅幅反映市场需求变化的绚丽画卷。面对新时代的挑战与机遇，她不仅未显疲态，反而意气风发，直面挑战，以更加敏锐的洞察力和创造力，化解重重挑战为种种机遇。

浙江服装产业面临的挑战之一：市场需求的多元探索。市场需求，这个复杂多变的领域，如同一个无垠的宇宙，充满了无限的可能性和未知。未来的浙江服装产业，需要成为一位勇敢的探险家，不断地在这片宇宙中探索、发现新的市场热点和消费者需求。无论是流行的色彩、款式，还是材质的选择，它都需要迅速捕捉并转化为产品上的创新与突破，满足消费者的多样化需求。

浙江服装产业面临的挑战之二：绿色发展的永续探索。在追求经济效益的同时，环保发展给所有时尚产业的发展，都提出了严肃的思考命题，对于浙江服装产业而言，同样不例外。近年来，浙江服装产业成为可持续时尚的绿色先锋。未来，它更需要持续将绿色发展的理念，融入每一个生产环节中，用实际行动吟唱对自然、对社会、对生活的赞歌——从原材料的选择到生产过程的控制，再到废弃物的处理，未来都需要浙江服装产业不断迭代新技术、新材料、新工艺与新商业模式。这是一个永续的探索，也是服装产业造福于民、永不枯竭的动力。

浙江服装产业面临的挑战之三：加强国际市场的话语权。在国际市场的舞台上，伴随着全球纺织服装供应链的重组与全球时尚产业的激烈竞争，相对以往，浙江服装企业更需要成为一颗璀璨的明星，吸引全球的目光。“不出海，就出局”，它需要仰仗优质的产品、合理的价格和良好的服务，从产品出海，到品牌出海，再到文化出海，它面临更大的使命担当，也是最具实力去引导全球时尚主流话语、树立中国时尚新风骨的区域品牌群体。

2

第二节 汇聚与开创

回首往事，中国以空前的创造力，向世界证明了自己的勇气和格局。我们的国家在巨大的不确定性中，迈向更辽阔的未来。走过的三十年证明了，不同的时代会给出不同的机遇和使命，需要一代代人用不断变革的方式承担和解答。时代从不辜负人，它只是磨炼我们，磨炼每一个试图改变命运的平凡人。而通过磨炼的最佳手段，就是不甘现状和剑及履及的进步。

走遍千山万水、想尽千方百计、说尽千言万语、吃尽千辛万苦，“四千精神”是浙江人勇于闯荡的真实写照。经济学家茅于轼曾给予浙江商人极高的评价，他说：“当其他人还在踌躇犹豫时，他们已经付诸行动；当其他人行动起来时，他们早已功成名就。”这句话生动地诠释了浙商敢为人先的变革精神。

一、浙江人在全国

从改革开放的春风吹起的那一刻，浙江人便踏上了征途。他们离开了熟悉的故乡，奔赴全国各个角落，凭借着一股不服输的劲儿，在全国构建起了庞大的商业版图。在那遥远的北方，在那广袤的西部，在那繁华的东部沿海，特别是在改革开放前沿阵地之一的华南地区等，处处都能看到浙江人的身影。

20 世纪 80 年代，吴国胜与服装的故事开始了。吴国胜，广东佛伦斯集团董事长。虽然佛伦斯品牌成立于 1999 年，但吴国胜在服装行业拼搏的齿轮于 1984 年便开始运转。改革开放给温州的经济带来了一场深刻的变革，个体经济和私营经济蓬勃发展，吴国胜抓住了这个机遇，从家庭式作坊起步，逐步将事业拓展到广州。

温州以其独特的地理和资源背景，孕育出了一代敢于冒险、善于经商的企业家群体，吴国胜的创业历程正是这种“敢为人先”精神的体现。从最初的小商品经济到后来广泛的服装贸易，吴国胜深刻感受到广州作为中国南方经济中心的独特优势，特别是其纺织与服装制造业的成熟产业链。这促使吴国胜南下广州，寻求更大的发展空间。在广州，吴国胜不断创新和引领行业发展。

“我，或者说佛伦斯几乎都是第一个吃螃蟹的。第一个在信河街开店，第一个把公司从西湖路商圈搬到珠江新城，第一个搬离珠江新城，第一个拥有自己的服装 + 产业园（图 4-4）……未来我相信还会有很多。所谓‘业精于专，功成于勤’，40 年毫不

图4-4　佛伦斯中心

动摇地在这个行业里面，从未止步地去创新和引领、谋划新的发展路径，我对自己的这一份执着还是颇感自豪的。创新和踏实这两种态度并不违和，而且同样重要！”吴国胜如是说。

2012 年，他敏锐意识到高价品牌男装市场的变化，迅速调整供应链，提出“新简中商务男装”概念，以更高的性价比和客户需求为导向，开创了持续发展的道路。之后，吴国胜决定在继续服装品牌的同时，采取“服装 + 产业服务”双轮驱动，不仅巩固了集团在传统服装行业的优势，还通过产业服务实现了跨行业的整合与协同效应。这个模式不仅增强了集团的核心竞争力，也为佛伦斯的可持续发展和产业生态的优化奠定了坚实的基础。

1984 年，中国的改革开放正如火如荼地进行着，这一年，不仅是吴国胜服装行业历程的起点，也是陈灵梅故事的开端。

陈灵梅，赢家服饰有限公司创始人。宁波出生，杭州读书。1984 年，38 岁的陈灵梅当上公务员。但四年后，她放弃了安逸舒适的机关工作，停薪留职去承包江山市服装厂。1992 年，陈灵梅在邓小平南方谈话精神的影响下，再次燃起赴深圳创业的激情。谁知来不逢时，政策改变，深圳市政府规定只有外资背景的公司才有进出口权。由于合作不顺，加上经验不足，第一个工厂倒闭了，资不抵债，她个人决定承担全部债务。浙江商人不怕一切困难，在这样强大的精神动力下，她决心将坏事变好事创建了娜尔思品牌。随后，企业稳步发展，再没出现过“生死存亡”的局面。1998 年，娜尔思品牌销售收入达到 178 万元。2005 年，陈灵梅提出“花样盛年”新理念：“40 岁左右盛年女性正值人生最美好，最有消费力的时候。这就是我们的品牌文化，也是我的世界观。所以那时的我们品牌就在北京王府井一下铺开了，客户都说我道出了她们的心声。”

从 46 岁南下深圳创业，奋斗 20 余年，把企业做到上市，产值超过百亿，成就一段中国时装行业传奇，到 78 岁陈灵梅仍保持一颗年轻的心，坚守在企业一线，被大家评为“新青年”“卷王”。在陈灵梅看来，她热爱的事业当前依旧存在着一些需要解决的瓶颈。比如，制造企业都在进行数字化，陈灵梅也想为自己的企业引入智能制造。“时装能不能敏捷、精准地根据顾客的需求进行供应？技术能不能提高？美丽事业我一直没有停。”

从 20 世纪 80 年代到 20 世纪 90 年代，服装市场从封闭到开放，从单一到多元，从传统到时尚，从制造到品牌，发生了深刻的变化。

谢秉政，比音勒芬服饰股份有限公司董事长，1997 年进入服装设计领域，他代理了那个年代在国内市场流行的“奢侈”服装品牌，包括华伦天奴和圣罗兰。

2000 年，谢秉政收购了香港服装品牌“比音勒芬”，并于同年带着比音勒芬正式进军广州市场。为了从激烈的服装市场中杀出生路，嗅觉敏感的他将当时国内刚刚兴起的高尔夫运动元素融入自己的服装品牌，比音勒芬也以此为起点，逐步发展成为国内领先的高端时尚运动服饰品牌。

当时，高尔夫球在国内尚属小众，谢秉政便创造了一个新概念，融合了高端、政务、高尔夫三位一体的“生活高尔夫”，并且按照性能、季节、性别、材质等要素，把这个细分赛道服饰做精做透。比音勒芬的“三高一新”在打造极致产品上，体现得淋漓尽致，也让更多人将其与高尔夫服饰的标签进行了强绑定。2022 年，谢秉政进一步深耕，将锚点放在了品类上，聚焦运动休闲、商务会谈都不可或缺的 T 恤上，并打出了“T 恤小专家”战略。2023 年，比音勒芬成立巴黎研发中心，打造产品设计及品牌运营国际团队

（图 4-5）。

自 2016 年上市后，比音勒芬的业绩一直在持续走高，营收从 8.42 亿元增长至 2023 年的 35.36 亿元，归母净利润从 1.33 亿元增长至 2023 年的 9.11 亿元。2024 年半年报显示，比音勒芬上半年营业收入为 19.36 亿元，同比增长 15.02%；归母净利润为 4.79 亿元，同比增长 15.25%。

浙商刻在骨子里的奋斗精神让谢秉政提出个更高的业绩目标，要实现 10 年增长 10 倍——在 2033 年，集团营收从 30 亿元增长至 300 亿元，年均复合增长率 25.89%。

施银焕，苹果国际（广州）时尚中心董事长，他的故事始于改革开放的初期，彼时他凭借自己的技艺和勤奋，成为宁波当地远近闻名的小裁缝。他不仅在技术上精益求精，更在经营上展现出非凡的远见，不久便建立了自己的服装小加工厂，并创立了宁波奥尔登有限公司，专注于服装和运动鞋的生产。随着时间的推移，

图4-5　中国纺织工业联合会副会长、中国服装协会会长陈大鹏（右三）一行赴比音勒芬巴黎研发中心参观

奥尔登成为国家体委训练局和中国男排的指定产品供应商，商标荣获“浙江省著名商标”。

施银焕并未满足于已有的成就，他意识到品牌的重要性，并在获得“苹果”注册商标的专用权后，将业务拓展至广州，开启了品牌经营的新模式。广州的地理位置和商业环境为苹果国际的发展提供了肥沃的土壤，当然也离不开浙商资源的共享和强强联合。面对激烈的市场竞争，浙商天生就有坚韧不拔的意志，在发展中不断开拓北美、西欧市场，并计划进一步进军法国、意大利和西班牙，推动“苹果”品牌迈向国际市场的新高度。

他说：“如果用一句话形容走过的风风雨雨，我想用我企业之歌的歌名——用真情拥抱明天。我们‘60后’这一代人是最幸福的，能经历的都经历了，尤其是我们浙商的服装人，从意气风发的年轻时代，不怕苦不怕累，到进入如日中天的事业高峰，每一个收获背后都隐藏着很多热泪盈眶和激情澎湃的辛酸故事。幸亏我们这代人都喜欢甜酸苦辣的生活滋味，而且更喜欢挑战和折腾，总认为自己有使不完的劲和用不尽的力，为我们未来的人生和事业添光增彩。所以，现在不感觉累，只觉得很幸福！关于传递苹果品牌的价值与主张，我认为，品牌要为消费者带来的是生活中生命的价值。苹果做全球倡导引领的健康服饰，这是我们历尽八年与全军航空医学工程重点实验室、中国工程院院士的共同研究成果，是科技与品牌的结合，让服饰穿戴健康造福人类，苹果健康服饰品牌围绕科技，建立整个生态链系统，这是我们未来品牌发展的新主张。”

商业是一场持久战，或许在初始阶段，比拼的是灵感的迸发、勇猛的冲劲和幸运的眷顾，但随着时间的推移，接下来真正考验的是坚韧的毅力、宏大的格局和理性的决策。在服装行业漫长而曲折的发展历程中，在经济新常态下，浙江商人选择“跳出浙江”，在更广阔的平台实现自我价值，正驰骋于中国大江南北的广阔市场，勾勒着一幅全新的商业版图。欧时力创始人徐宇、玛丝菲尔董事长朱崇恽、影儿时尚总裁俞淇纲、地素创始人马瑞敏、MO&Co 创始人金霓、唯品会董事长沈亚等众多出色的浙商代表在“四千精神”的指引下，不畏艰难，砥砺前行。

这些浙商们凭借着敏锐的市场洞察力和敢为人先的勇气，精准地抓住了时代赋予的机遇，毅然开创了属于自己的辉煌事业。他们在创业的道路上，并非一帆风顺，而是遭遇了无数的挑战和困难。然而，他们始终坚守着初心，凭借着坚韧的毅力，克服了重重阻碍，不断攀登着事业的高峰。

二、浙江人在全球

与此同时，还有许多浙商勇敢地走向海外，怀揣着梦想，在国际市场上拼搏奋进。他们以无畏的勇气和坚定的信念，在海外市场中不断摸索、学习，适应不同的文化和市场环境，在海外扎根。

1988 年，蔡君柱踏上法国这片土地开始，便开启了他的创业之旅。最初，他投身于裁缝行业，经过 3 个月的刻苦学习掌握了裁缝技艺，并在接下来的 5 个月里积累了宝贵的工作经验。1991 年，他与家人在法国团聚，其中包括他年仅 5 岁的女儿。在那个时期，获得合法居留权是一项极具挑战性的任务，但幸运的是，他们最终成功地获得了这一权利。这不仅为他们带来了安全感，也为他们打开了进入贸易领域的大门。以成衣起家，蔡君柱起初在 11 区市场开设 30 来家店，后来生意规模不断扩大发展到 460 家……

在法国多年，蔡君柱不仅在商业上取得了成功，还在法国华侨华人会中担任了多个重要职务，2022 年当选为法国华侨华人会第 24 届主席。他的故事不仅是个人奋斗的典范，也是华侨华人在海外努力拼搏、积极融入当地社会并做出贡献的生动写照。蔡君柱特别强调侨界团结的重要性："旅法侨界最重要力量在于团结，一个人的力量是有限的，团结起来我们的力量将变得无比强大。（图 4-6）"

就在蔡君柱来到法国的第二年，18 岁的陆晓锋登上远赴法国的班机。那是在 1989 年，跟大多数出国的温州人一样，陆晓锋的第一份工作是既耗体力又单调的服装加工，在亲戚开设的皮衣工厂里做了两年工，他又转行去餐馆打工。每每回想起刚到法国的那几年，陆晓锋心里还是会泛起阵阵苦涩。但是，他认为在异国他乡拼的就是温州人骨子里吃苦耐劳的精神。2005 年，法国知名

图4-6 蔡君柱（左五）走访里昂华人总商会

的皮具品牌“宝树”由于运营问题，陆晓锋买下这一品牌，并进行改革。2010年，“宝树”不仅重新站稳法国市场，而且进驻中国。2011年，“宝树”在巴黎孚日广场开设品牌形象店，百年品牌进入了一个新时代。

多年来，陆晓锋忙于事业，也忙于为侨社服务。2021年，他当选法国温州商会第六届会长，心怀赤诚，心系家乡（图4-7）。他表示，现在中国有很多民营品牌，包括服装和箱包等，有过硬的品质和优秀的设计，并且有独特的东方情调，但还没有真正品牌化，或者在西方的辨识度还不够，侨社在这方面可以作为桥梁，把中国的品牌引入法国，让中国的产品国际化，为中国的民营经济寻找更多出口机会。

同样在20世纪90年代，现任法国中法友谊互助协会会长的何建兴他带着梦想和雄心来到法国，开始了异国他乡的创业之路。创业之路崎岖，面对2015年欧债危机的严峻挑战，他没有退缩，而是果断推行“快速更新”理念，重组生产和物流链条，保留了法国设计，将生产转移至国内自有工厂，确保产品从设计到交付客户仅需一周时间。这种高效的运营模式不仅帮助公司渡过危机，还巩固了其在法国服装市场的地位。

何建兴认为：“在海外创业，华商往往面临语言、文化、法律法规等各方面的挑战。逆境中的成功经验不

图4-7　陆晓锋（左三）热衷公益事业，心怀赤诚，心系家乡

仅增强了我们的自信心，也让我们在面对新挑战时更加坚定。”担任法国中法友谊互助协会会长期间，何建兴多次率团回国，促成了法国中法友谊互助协会与国内行业互动与交流（图 4-8），不仅打造了时尚产业的利益共同体，还成功推动了中法两国在时尚领域的深度合作。

张飞龙也是一位典型的温州侨商，从小耳濡目染在海外创业、打拼的侨界故事，1998 年赴法国开拓事业，创建鞋业贸易进出口公司并担任董事长。他以“物美价廉、服务周到”的经营理念，迅速在业内创造了显著的业绩。2012 年，张飞龙正式加入法国华人鞋业协会，2023 年被选为法国华人鞋业协会第六届会长。在任期间，张飞龙不仅推动了中法两国在鞋业领域的合作，还积极参与社会公益活动，为传播中华优秀文化和促进华人社区的融入做出了贡献（图 4-9）。

图4-8　法国中法友谊互助协会考察艺尚小镇专题座谈会

图4-9　法国华人鞋业协会庆祝祖国73华诞

与大部分华侨相比，法国进出口

商会名誉会长胡奇业的经历有些特殊——从军旅生活开始。在法国外籍兵团的五年服役经历，锻造了他不屈不挠的精神和坚毅的品格。退役后，他毅然踏入商界。如今，胡奇业的企业已发展成为欧洲最时尚前沿的大型服饰鞋帽批发中心之一，Fashion Centre 和 CIFA 平台占地十几万平方米，年营业额高达 20 亿欧元，为当地创造了 1 万多个就业岗位（图 4-10）。

他说："支撑我在异国他乡持续奋斗的核心动力是源自浙商精神。这种精神不仅体现在我们善于学习、勇于创新，团结互助，创造共赢，还在于我们守诚信、重担当、肯吃亏的价值观。这种精神深深扎根在我的血液里，激励我不断追求更高的目标。无论是在初期的军旅生涯中，还是在商界的拼搏中，浙商精神始终是我坚持不懈的动力源泉。"

图4-10　胡奇业（左一）与法国前总统尼古拉·萨科齐等合影

法国文成联谊会会长朱良顺在 9 岁那年便移居法国。1998 年，他创立了自己的服装品牌 KZELL，2002 年在中国成立了浙江华欧服饰有限公司，进一步扩展了他的商业版图。到了 2010 年，他更是携手合作伙伴共同创立了恒通集团房地产公司，并担任董事，集团还建立了欧洲最大的服装市场。在旅法侨界，朱良顺也服务多年，始终坚守着对祖国和家乡的深厚情感，为和谐侨社建设添砖加瓦，为祖国和家乡发展作贡献（图4-11）。

与朱良顺一样从小就背井离乡的还有意大利中国贸易发展促进会执行主席胡金喜，只不过胡金喜是被父母带到意大利。生计驱使加之遭遇不公并未击垮胡金喜，成年后，他怀揣着超越父辈的梦想，决心开创自己的服装事业。然而，创业之路充满荆棘，2003年的一场诈骗让胡金喜损失惨重，背负了500万元的巨额债务。至暗时刻，他依然选择了坚守诚信，与妻子并肩作战，夜以继日地工作，不断创新产品，终于偿清了所有债务。胡金喜深深感激那段经历，它塑造了今天的他。现在，胡金喜的企业发展状态稳健。早年做贸易跟风，风险大。经过摸索和调研，现在已经朝"专精特新"发展，从代加工转型为有自主设计能力的制造商（图4-12）。

图4-11　法国文成联谊会合影

图4-12　胡金喜（右二）参加浙大海外中青年侨领研习班

胡金喜说："浙商精神、家族传承、榜样力量和责任驱使，都是我持续拼搏、奋勇向前的精神内核。特别是浙商精神，浙商一直以来都以勤劳、勇敢、智慧、创新而著称。这种精神在我小时候就深深烙印在我的心里，也是我出国后一直秉持的信仰。”

与胡金喜的经历类似，17 岁的胡建兵也是追随着哥哥的脚步前往意大利佛罗伦萨。在佛罗伦萨工作多年后，胡建兵在普拉托开办了自己的服装加工厂，投身于服饰加工产业。胡建兵经常和朋友沟通探讨，“华人到底做什么可以将事业做大做强？”经过深入的市场摸索、走访调研，2006 年他的生意迎来转机，选址纳新、置备机器，成立了意大利发达印染有限公司。印染布匹、成衣等，该领域开创了意大利普拉托纺织业的先河，填补了一片空白领域。三年下来，他们置办了自己的厂房，并逐步完善器械设备，生意越做越大、越来越稳，已经成为当地华人创办的最大的印染厂（图 4-13），胡建兵也成为意大利中部文成同乡会荣誉会长。

图4-13 胡建兵的工厂已经成为当地华人创办的最大印染厂

在普拉托地区，还有一个几乎家喻户晓的名字——王增理，意大利—中国贸易发展促进会主席。1992 年，带着对商业的无限憧憬和温州商人的敏锐洞察力，王增理从家乡文成踏上了前往意大利的旅程。他在普拉托从服装行业基层做起，逐渐积累经验和人脉。1996 年，开办了自己的服装加工厂，并于 2004 年创办维多利亚时装公司。他坚持以创新为驱动，不断引入先进的生产技术和管理理念，与 Max Mara 和 Pinko 等意大利一线品牌合作，使得加工厂在短时间内迅速成长。凭借卓越的设计和品质，很快在普拉托华人服装业中脱颖而出（图 4-14）。不满足于现状的王增理，不断探索新的商业机会。包括收购意大利富帝佳酒庄，控股意大利蓝天旅行社并建立了国际海淘快递公司，全资收购米兰皇家花园五星级酒店，收购了意蓝大巴公司等。在他的创业历程中，凭借敏锐独到的商业眼光，不断丰富自己的商业版图。

图4-14　王增理参加由其公司设计的服装品牌的走秀活动

面对全球化浪潮，王增理认为："浙江服装产业与海外市场的链接至关重要。希望通过意大利—中国贸易发展促进会，加强与国内外政府和企业的合作，推动浙江服装产业的国际化发展。我也对浙江服装行业的未来充满期待，希望看到更多创新和突破。"

1999 年，胡希茂到达米兰。这之前，他在国内已经有七年的服装行业从业经历，从学徒到经营服装厂，各种艰辛已经全部体验一遍。到姐姐开设在米兰的工厂上班，在刚开始的那段日子里，他几乎每天只能睡四五个小时。艰苦奋斗的日子坚持了好几年，2002 年，胡希茂开起了自己的服装厂。因缘际会下，胡希茂为 Ralph Lauren 制作的两件高水准的样衣，在美国时装周引起了品牌商的注意。接下来，胡希茂“一夜爆红”，Gucci、Prada、LV 等品牌纷纷发来单子找他代工。此后，胡希茂的 OFFICINA MODA SPI 公司更是成为 Burberry、Hermès、Celine、Tom Ford、Loewe 等品牌的长期供应商，他也成为意大利—中国贸易发展促进会第二届理事会主席。

胡希茂说：“事实上，意大利奢侈品品牌的产业链已经有 70%—80% 被华商覆盖。中国的技术目前是全球最好的，无可替代。但欧美的标准越来越严格，他们聚焦的点在安全生产、工人福利等，我的企业从 10 年前就开始整改，现在已经形成规范。”在孜孜不倦地钻研、拼搏、创新下，胡希茂迎来了收获的季节。同时，他还有着一个远大的抱负（图 4-15），希望可以把自己多年摸索出来的高端成衣工艺和标准带回国内和同行们共享，把“Made In China”做成世界顶级水平。

相比之下，李小锋到达意大利的时间比较晚，因为他 1998 年出国先到了希腊从事外贸工作，并于 2003 年创办万利贸易公司。为了扩大事业版图，李小锋于 2007 年来到意大利，创办了万事好、万事顺等时装公司。2015 年，李小锋和同在意大利创业生活的九位优秀华侨一起创立了意大利华人服装行业协会，并被推选为会长，至今已连任三届。李小锋说，

图4-15 胡希茂希望把高端成衣工艺和标准带回国内

来欧洲的这二十多年来，认识了很多优秀的人，也经历了很多的事情，特别是刚来欧洲，从零开始学习做服装，各种的经历曲折，一言难尽。不过对于“白天当老板，晚上睡地板”的温州人来说，内心一直充满着能量，这些力量的来源是父母期盼的目光和自己追求的远方。

“初入服装行业时，国外流行趋势传至国内需一两年，但这一差距现在已不复存在，目前国内外趋势已实现同步。在某些方面，中国的品位和制作工艺甚至已超越欧洲。鉴于浙江在纺织服装领域的重要地位，以及华人在意大利服装业的影响力，我希望未来可以加深对话，突出各自的优势，让意大利的优秀设计和浙江的精工制作结合，强强联合，开拓更加宽泛的市场。”李小锋如是说（图 4-16）。

或许是波涛汹涌的海洋造就了浙江人别具一格的地缘心理，他们富有冒险精神，敢闯敢拼，热爱竞争，在追求功利的过程中获得满足感。在全球范围，有数不清的浙商翘楚斩获了辉煌和胜利。他们的精神就如同一颗充满生命力的种子，在商业竞争中保持着

图4-16　浙江理工大学与意大利华人服装行业协会共谋合作之路

旺盛的生命力和不竭的活力。正是在“浙江精神”的影响下浙商完成了从“草根”到“树根”的华丽转身，为中国经济乃至在全球领域撑起了一片辽阔的天地。

这些年来，虽然许多浙江人背井离乡，走南闯北，在大江南北创造了不胜枚举的商业传奇，但是他们的根仍然留在家乡。他们时刻牵挂着国内的服装产业，就像远飞的风筝始终连着那一头的故土。浙江服装人将在外面闯荡积累的丰富经验、前沿理念和雄厚资本带回家乡，致力于推动本土服装产业的升级与创新。他们积极投身于研发新技术、设计新款式，致力于让浙江服装在时尚潮流中焕发出新的活力。他们反哺家乡产业的举动，不仅是基于对故乡的眷恋，更是对 “浙江精神” 的一种践行与传承。他们想用自己的行动为国内服装产业的发展添砖加瓦，同时他们也看到了全球化浪潮之下，浙江服装企业与国际市场链接机遇与巨大潜力。汇聚，是智慧与力量的集结，是共同面对未来的基石。开创，是对无限可能的勇敢追求，是我们在历史长河中留下的印记。

2024 年，浙江省服装行业协会成立 30 周年，即将开启“传承启新”的新篇章。浙江省面积约 10 万平方公里，然而浙江人的力量和影响力却遍布全球。如今处于资源整合的时代，整合全球资源为浙江服装行业赋能，为浙江服装企业营造出更为广阔的空间与舞台，供大家尽情施展才华，成为浙江省服装行业协会未来的首要任务。

未来，浙江省服装行业协会将以“推动浙江省成为引领中国服装行业的话语权主阵地”为宗旨，致力成为中国服装行业品牌、科技、国际、文化、设计、绿色方面发展与创新引领者和推动者，以“诚信、创新、开放、包容、责任”为核心价值观，设立媒体服务、创新服务、国际发展、会展服务四大中心，为企业提供 138 项全生命周期产业发展服务，重点推动创新型成长性品牌企业的成长与发展，推动规模以上品牌及产能的出海和并购计划，推动上下游供应链的国内外协同，推动数字化革新。

青松寒不落，碧海阔逾澄。浙江省服装行业协会将继续勇立潮头，引领浙江服装行业乘风破浪，迈向更加辉煌的未来！

参考文献 ▸ REFERENCE

[1] 浙江省轻纺工业志编辑委员会 . 浙江省纺织工业志 [M]. 北京：方志出版社 ,1999.

[2] 中国纺织工业联合会 . 中国纺织工业发展历程研究：1880—2016[M]. 北京：中国纺织出版社 ,2018.

[3] 中国服装协会 . 服装廿念 [M]. 北京：中国纺织出版社 ,2011.

[4] 习近平 . 干在实处走在前列：推进浙江新发展的思考与实践 [M]. 北京：中共中央党校出版社 ,2023.

[5] 中国纺织工业协会 . 中国纺织产业集群发展报告 [M]. 北京：中国纺织出版社 ,2007.

[6] 查志强 . 都市型产业集群研究——以杭州女装产业集群为例 [J]. 上海经济研究 ,2006(1):70-75.

[7] 李茜 , 汪筱兰 . 杭派女装特许经营模式的优化策略 [J]. 东方企业文化 , 2012(19): 75-76.

[8] 何焱 . 区域产业集群特色竞技 [J]. 中国纺织 ,2003(11):88-90.

[9] 仰树 . 温州女装的华丽转身 [J]. 温州瞭望 ,2007(18):112-114.

[10] 嵊州市委、市政府 . 嵊州 : 积极推进领带产业转型升级 [J]. 政策瞭望 ,2010(10):26-28.

[11] 王小芳 , 顾庆良 . 浙江省纺织服装产业的集聚及其地区分布 [J]. 江苏纺织 ,2002(6):27-30.

[12] 郭建南 , 胡蕾 , 朱伟明 . 杭州女装品牌发展策略的探讨 [J]. 浙江工程学院学报 ,2002(4):65-68.

[13] 织里镇志编纂委员会 . 织里镇志：上 [M]. 北京：中国农业出版

社，2022.
[14] 杨理强. 报喜鸟论“剑”[J]. 温州瞭望，2006(1):44-45.
[15] 李岩. 郑永刚：杉杉“大跨界”背后的推手 [J]. 国企管理，2023(7):86-88.
[16] 施文杰. 太平鸟女装品牌传播策略优化研究 [D]. 苏州：苏州大学，2022.
[17] 苏华，肖坤梅. 雅戈尔并购美国新马集团 [J]. 大经贸，2008(3):33-35.
[18] 阚世华. 周成建做世界的裁缝 [J]. 中国新时代，2008(11):44-47.
[19] 李英. 报喜鸟：用上市改造自己 [J]. 中国电子商务，2007(Z1):62-63.
[20] 冯超. 马建荣：中国服装界的马化腾 [J]. 人才资源开发，2018(3):60-61.
[21] 毛木子. 雅戈尔的“不务正业”[J]. 纺织科学研究，2013(8):92-95.
[22] 兰建平. 经济破局仍在先进制造业 [J]. 浙江经济，2023(8):19.
[23] 朱清. 千亿基金群，浙江怎么做到的 [J]. 决策，2023(8):62-65.
[24] 李建琴，梁巧，顾国达. 新冠肺炎疫情对我国蚕丝业的影响及发展对策 [J]. 中国畜牧杂志，2023,59(3):336-341.
[25] 李建琴，梁巧，顾国达.2023 年我国蚕桑产业发展态势与未来发展建议 [J]. 中国畜牧杂志，2024,60(3):352-356.
[26] 朱月虹，叶飞. 湖州织里童装产业绿色低碳升级研究 [J]. 中国纤检，2022(11):32-34.
[27] 陈荣芳. 宁波女装四大品牌的特色营销 [J]. 经营与管理，2014(9):38-39.
[28] 田川. 以科技创新培育发展新质生产力 [N]. 社会科学报，2024-

08-29(1).

[29] 徐诗沁 . 义乌经验的新推广："一带一路"市场发展策略研究 [J]. 商场现代化 ,2024(15):23-25.

[30] 顾月勤 . 融入数字化大潮实现高质量发展——中国旅行箱包之都 · 平湖 [J]. 北京皮革 ,2022,47(12):22-25.

[31] 吉安市人民政府办公室关于印发吉安市"十四五"高铁经济带发展规划的通知 [J]. 吉安市人民政府公报 ,2021(6):12-49.

[32] 冯哲 ."机器换人"能否缓解"用工荒"[J]. 劳动保障世界 ,2013(11):49.

[33] 汤达金 . 提升浙江企业自主创新能力的若干思考——基于杭州、台州、温州的调查 [J]. 浙江工贸职业技术学院学报 ,2013,13(3):1-9.

[34] 陈泽炎 ."十四五"时期我国会议业的发展前景 [J]. 中国会展(中国会议),2021(2):12.

[35] 赵爽 . 文化生产力：时尚强国的价值引领 [J]. 中国服饰 ,2024(7):8-9.

[36] 范海霞 . 推进杭州直播电商产业高质量发展的观察与思考 [J]. 杭州 ,2023(10):36-39.

[37] 董潇 . 海韵潮甬时尚东方展现宁波东方滨海时尚之都独特魅力 [J]. 时尚北京 ,2022(12):82-87.

[38] 程伟明 . 服装与设计博物馆的美育初探 [J]. 科学教育与博物馆 ,2023,9(1):89-93.

[39] 陈梦园 . 沼泽红假单胞菌 / 硫化镉杂合体系构建及其光催化固定二氧化碳产甲烷性能的研究 [D]. 镇江：江苏大学 ,2021.

[40] 余宝 , 梁子 .FIOCCO 斐戈格调 [J]. 中国纺织 ,2009(9):130-131.

[41] 魏明瑱 , 雷建振 , 郝海珊 . 绿色产品的生产与提高 [J]. 机械研究与应用 ,2001(2):51-52.

[42] 杨帅 . 定制模式 : 路径与问题探析 [J]. 常州大学学报 (社会科学版),2016,17(3):52-59.

[43] 王元 . 雅戈尔创想绿色新主张 [J]. 时尚北京 ,2018(12):94.

[44] 王祥 , 郁俏峰 , 汪新振 . 雅戈尔全面发力汉麻应用市场中国汉麻产业取得突破性进展 [J]. 纺织报告 ,2018(10):8-9.

附录一

浙江省服装行业协会大事记

1994 年

1994 年 4 月，在浙江省轻工业厅、浙江省二轻工业（集团）公司、浙江省乡镇企业协会、浙江省丝绸总公司、浙江省中大集团公司、杭州市服装集团公司和浙江省服装工业公司等发起单位的共同努力下，在宁波雅戈尔制衣有限公司、宁波杉杉股份有限公司和浙江茉织华制衣有限公司的支持下，浙江省服装行业协会（以下简称“协会”）成立，并在杭州召开成立大会。大会通过浙江省服装行业协会章程，选举产生协会第一届组织机构，推举出协会理事长、副理事会长，并聘请协会顾问。时任浙江省人民政府秘书长鲁松庭在成立大会上讲话。

1994 年 7 月，首期《浙江服装》内部刊物发行。

1994 年 8 月，协会组织 14 家企业的衬衫参加全国名牌推荐活动，取得了全国 20 个名牌衬衫中浙江占五席、21 个精品衬衫中浙江占七席的优异成绩。

1994 年 8 月，协会组织 22 家企业参加浙江名牌西服推荐活动，有 6 家企业荣获名牌西服称号、12 家企业荣获精品西服称号。

1995 年

1995 年 1 月，协会编制完成《浙江省服装行业“九五”计划和 2010 年长远发展规划》。

1995 年 5 月，协会组织企业参观学习茉织华的集约经营模式、现代企业管理经验等。

1996 年

1996 年 4 月，协会组织企业学习以步森、开尔等为代表的枫桥衬衫企业发展经验。

1996 年 5—12 月，协会先后组团考察欧洲五国、泰国、中国香港等地。

1997 年

1997 年 12 月，协会第二届会员代表大会在温州召开。

1997 年 12 月，受政府部门的委托，协会创建行业统计网络，从此每年开展行业统计工作，为企业申报名牌产品、商标和“百强”企业提供服务工作。

1998 年

1998 年 4 月，协会与温州市服装商会共同承办的全国服装行业工作会议在温州召开。

1999 年

1999 年 5 月，协会从此开始每年编写《浙江年鉴》服装篇的工作。

1999 年 7 月，由协会合作举办的第二届浙江省职业服展览会在杭州举行。

1999 年 8 月，协会二届二次理事会在绍兴嵊州召开。

1999 年 11 月，协会完成《浙江省服装行业“十五”发展规划建议》初稿的起草工作。

2000 年

2000 年 8 月，协会二届三次理事会在舟山召开。

2000 年 8 月，由协会合作举办的第三届浙江省职业服展览会举行。

2001 年

2001 年 3 月，协会二届一次会长会议在杭州萧山召开。

2001 年 3 月，协会从此连续五年召开浙江省服装行业统计工作会议。

2001 年 6 月，协会第三届会员代表大会在宁波召开。

2001 年 7 月，协会从此连续五年组织和推荐会员企业申报浙江名牌产品和浙江省著名商标，协助开展相关认定工作。

2001 年 8 月，协会从此连续五年配合省质量技术监督局，开展中国名牌产品目录和中国服装名牌产品的申报工作，协助会员企业做好申报工作。

2001 年 12 月，协会配合政府有关部门进行“全省衬衫面料供需情况”“加工贸易出口产品单耗标准”等调研。

2002 年

2002 年 5 月，协会向浙江省政府有关部门提交《中国入世对浙江省服装行业的影响》等报告，代表行业向有关部门提出政策建议。

2002 年 6 月，协会三届一次会长会议在绍兴嵊州召开。

2002 年 8 月，协会三届二次理事会暨全省服装行业工作会议在东阳横店召开。

2003 年

2003 年 1 月，浙江和济会展有限公司成立。

2003 年 5 月，受浙江省政协委托，协会与浙江省相关大学共同完成了《浙江服装先进制造业基地》课题调研与文章撰写工作。

2003 年 6 月，协会三届二次会长会议在宁波召开。

2003 年 9 月，协会三届三次理事会暨全省服装行业工作会议在嘉兴平湖召开。

2003 年 11 月，由协会主办的首届品牌服装服饰交易会在杭州举行，多家会员企业参加，实现销售额达 860 余万元。

2004 年

2004 年 5 月，协会三届三次会长会议在绍兴诸暨召开。

2004 年 8 月，协会三届四次理事会暨全省服装行业工作会议在温州召开，同期举办浙江服装论坛，并举行协会官网“中国服装产业网”开通仪式。

2004 年 9 月，浙江省服装行业秘书长联席会议在杭州召开。

2004 年 11 月，由协会主办的第二届中国品牌服装服饰交易会在杭州举行，参展的会员企业数量比第一届增长 53%，受到参展企业和杭州消费者的一致好评。

2005 年

2005 年 5 月，协会完成 53 家会员企业参加全国服装行业“百强”企业的初审、推荐工作。

2005 年 5 月，浙江省服装行业协会童装分会在杭州成立，同期举行浙江省童装实物检测优质产品发布会。

2005 年 8 月，协会三届四次会长会议在义乌召开。

2005 年 9 月，协会第四届会员代表大会在平湖召开，以无记名投票方式差额选举副会长，完成协会换届工作。

2005 年 10 月，协会组团赴中国台湾考察交流。

2005 年 11 月，由协会主办的第三届浙江品牌服装服饰交易会举行。

2006 年

2006 年 3 月，协会先后在浙江省人才市场和浙江理工大学举办了三场毕业生专场招聘会。

2006 年 3 月，协会四届一次会长会议在绍兴召开。

2006 年 5 月，协会组织会员企业向杭州市儿童福利院及浙江省残疾儿童康复中心赠送 3000 余套品牌童装，价值近 20 万元。

2006 年 7 月，协会四届二次会长会议在温州召开。

2006 年 9 月，协会四届二次理事会会议暨全省服装行业工作会议在杭州萧山召开。

2006 年 11 月，由协会主办的第四届浙江品牌服装服饰交易会举行。

2006 年 12 月，协会全年先后编制《浙江省服装行业“十一五”发展规划纲要》《2005 年浙江省服装产业发展竞争力报告》，制订《浙江省服装行业实施品牌发展战略工作计划》。

2006 年 12 月，国家人事部、中国纺织工业协会评定浙江省服装行业协会为“全国纺织行业先进集体”。

2007 年

2007 年 3 月，浙江省服装行业统计工作会议在杭州桐庐召开。

2007 年 3 月，协会首次组团参加第 15 届中国国际服装服饰博览会，并举行“打造中国童装品牌第一大省”新闻发布会，发布《浙江童装》。

2007 年 5 月，协会四届三次会长会议在宁波召开。

2007 年 5 月，协会完成全国服装行业“百强”企业的浙江省初审工作，推荐 53 家会员企业参加。

2007 年 8 月，协会四届三次理事会暨全省服装行业工作会议在宁波象山召开，同期举行中国针织·服装产业合作与模式创新论坛。

2007 年 9 月，协会牵头完成“浙江省服装行业公共技术服务平台”项目的建设，并获得 200 万元项目资金。

2007 年 11 月，由协会主办的第六届杭州品牌服装服饰交易会举行。

2007 年 12 月，浙江省服装行业秘书长联席会议在杭州召开。

2008 年

2008 年 3 月，浙江省服装行业统计工作会议在丽水缙云召开。

2008 年 3 月，协会连续第二次组织组织童装会员企业参加第 16 届中国国际服装服饰博览会，同期召开“童装未来·浙江动力”

新闻发布暨研讨会。

2008 年 4 月，协会组织 24 家品牌企业赴广东广州、深圳、东莞、虎门等地考察。

2008 年 5 月，协会四届四次会长会议在温州召开。

2008 年 5 月，协会完成全国服装行业百强企业的浙江省初审工作，推荐 46 家会员企业参加。

2008 年 7 月，浙江省服装行业协会四届四次理事会暨全省服装行业工作会议在绍兴柯桥召开，同期举行浙江服装产业创新与发展（绍兴）论坛。

2008 年 10 月，协会创编《服装信息选编》内部刊物。截至 2024 年 11 月，共发布 64 期。

2009 年

2009 年 3 月，浙江省服装行业统计工作会议在杭州临安召开。

2009 年 4 月，浙江省民政厅和省经信委确定浙江省服装行业协会为省内行业协会评估试点单位之一，评定浙江省服装行业协会为首批 5A 级行业协会。

2009 年 5 月，协会四届五次会长会议在绍兴召开。

2009 年 5 月，协会完成全国服装行业百强企业的浙江省初审工作，推荐 41 家会员企业参加。

2009 年 8 月，协会第二届童装分会会员大会在湖州织里召开，完成换届选举工作，同期举办童装品牌发展与提升高峰论坛。

2009 年 9 月，协会第五届会员代表大会在嘉兴平湖市召开，选举产生协会新一届理事会，按期完成换届工作。

2009 年 9 月，协会会同浙江省主要服装院校，在浙江省人才市场举办服装行业专场招聘会暨服装院校毕业生联合招聘会。

2010 年

2010 年 3 月，浙江省服装行业统计工作会议在杭州召开。

2010 年 4 月，由协会主办的国家服装新标准及产品质量分析宣贯培训班在杭州举行。

2010 年 5 月，协会完成全国服装行业百强企业浙江省初审工作，推荐 51 家会员企业参加。

2010 年 5 月，协会在浙江人才市场举办服装行业专场招聘会。

2010 年 8 月，浙江省服装行业协会服装制版师分会成立。

2010 年 8 月，协会五届二次会长会议在杭州萧山召开。

2010 年 10 月，协会五届二次理事会暨全省服装行业工作会议在诸暨召开，同期举办浙江服装产业转型升级与发展（诸暨）论坛。

2010 年 10 月，协会编制完成《浙江省服装行业“十二五”发展规划》。

2010 年 12 月，协会在浙江理工大学体育馆举办浙江省 2011 届高校毕业生——纺织服装类专场招聘会。

2011 年

2011 年 3 月，浙江省服装行业统计工作会议在湖州召开。

2011 年 3 月，协会完成第八届全国残疾人运动会服装设计组织工作。

2011 年 5 月，协会与中国台湾纺织业拓展会共同举办的“台湾新型功能性面料与浙江服企对接会”在杭州举行。

2011 年 5 月，协会完成全国服装行业百强企业的浙江省初审工作，推荐 51 家会员企业参加。

2011 年 6 月，协会完成《浙江省服装产业竞争力发展报告》。

2011 年 6 月，协会组织会员企业赴欧洲考察。

2011 年 6 月，协会组织童装会员企业开展献爱心送温暖活动，累计捐赠童装 1573 件，价值 19.99 万元。

2011 年 8 月，协会五届三次会长会议在温州召开。

2011 年 8 月，协会配合中国服装协会在全省组织开展了新增服装制版师职业描述信息的采集工作，回收 126 份服装制版师职业描述信息采集表。

2011 年 9 月，协会五届三次理事会暨全省服装行业工作会议在嵊州市召开，同期举办了“总裁执行模式”讲座。

2011 年 12 月，浙江省服装行业协会服装设计师分会成立。

2011 年 12 月，协会全年先后举办“服装创新设计与自我学习能力的提高”“2011 服装版型设计研修班”“高级女装成衣结构设计与立裁技术”等培训，累计培训 257 人次。

2012 年

2012 年 2 月，协会组织会员企业参加浙江省春季大型人才交流会，并开设纺织服装企业招聘专区。

2012 年 3 月，浙江省服装行业统计工作会议在丽水召开。

2012 年 5 月，协会组织会员企业向浙江省儿童康复中心和杭州市儿童福利院共捐赠了童装 1841 件，价值超 27.71 万元。

2012 年 5 月，协会完成全国服装行业百强企业浙江省初审工作，推荐 45 家会员企业参加。

2012 年 6 月，协会完成《浙江省服装产业竞争力发展报告》。

2012 年 7 月，协会五届四次会长会议在杭州召开。

2012 年 8 月，协会组织会员企业赴美国考察。

2012 年 9 月，协会五届四次理事会暨全省服装行业工作会议在义乌召开，同期举行国内外宏观经济形势（2012—2015 年国际及中国经济解读）讲座。

2012 年 10—11 月，由协会主办的首届浙江省十佳服装设计师大赛、首届“浙江省十佳制版师”大赛暨全国大赛选拔赛先后举行，全年先后举办“服装色彩与搭配基本原理”“设计师、版型师在企业中的角色定位分析”等培训活动，累计培训人员 826 人次。

2013 年

2013 年 2 月，协会组织会员企业参加浙江省春季大型人才交流会，并设立纺织服装企业招聘专区。

2013 年 3 月，浙江省服装行业统计工作会议在海宁市召开。

2013 年 5 月，协会完成全国服装行业“百强”企业的浙江省审核工作，推荐 45 家会员企业参加。

2013 年 6 月，协会五届五次会长会议在湖州召开。

2013 年 7 月，协会组织会员企业赴德国考察。

2013 年 9 月，协会五届五次理事会暨全省服装行业工作会议在杭州萧山召开。

2013 年 10 月，由协会主办、承办和协办的“第二届浙江省十佳服装设计师大赛”“首届全国十佳服装制版师大赛”“2013 年全省企业岗位大练兵技能大比武——万事利杯服装制作工技能竞赛暨全省服装行业十佳制版师决赛”等活动先后举行。

2013 年 12 月，协会全年先后举办“欧洲时装潮流和立裁实操”“高级时装设计与工艺研究”“高级女装定制”等技术培训，累计培训380余人次。

2014年

2014年3月，浙江省服装行业统计工作会议在上海召开。

2014年3月,由协会主办的服装新标准宣贯培训班在杭州举行。

2014年4月，浙江省服装行业秘书长联席会议在绍兴召开。

2014年4月，由协会主办的第二届中国（浙江）畲族服饰设计大赛举行。

2014年5月，协会完成全国服装行业“百强”企业的浙江省审核工作，推荐31家会员企业参加。

2014年5月，由协会主办的2014年（首届）杭州国际时装周在杭州西湖天地举行。

2014年6月，由协会牵头制订的“浙江制造”品牌认证产品技术标准（衬衫 ZZB 002—2014）发布，并引导全省衬衫企业开展相关认证工作。

2014年6月，协会完成《浙江省服装产业竞争力发展报告》和《浙江年鉴》服装篇的编写工作。

2014年9月，协会第六届会员代表大会在平湖市召开，完成换届选举工作。同期,还举行了协会第三届童装分会会员代表大会,完成换届选举工作。

2014年10月，由协会承办的“达利杯”首届中国老年服装设计大赛举行。

2014年11月，协会购置200余平方米的协会办公用房。

2014年12月，协会联合中国美术学院举办服装设计师高级研修班，开展了 24 期培训课程，累计培训 210 余人次。

2015 年

2015 年 4 月，浙江省服装行业统计工作会议在江山召开。

2015 年 5 月，协会完成全国服装行业百强企业浙江省审核工作，推荐 31 家会员企业参加。

2015 年 5 月，由协会主办的第二届杭州国际时尚周在杭州西溪天堂举行。

2015 年 8 月，由协会承办的中国 · 平湖服装设计大赛举行，并组织 43 家企业负责人和 18 名独立设计师与平湖 47 家服装企业进行座谈交流。

2015 年 9 月，协会完成浙江省服装行业“十三五”发展规划的编制工作。

2015 年 9 月，协会六届二次理事会暨全省服装行业工作会议在绍兴召开，并举行“机器换人、智能制造”“VMI 零库存模式”等主题论坛活动。

2015 年 10 月，由协会主办的 GB/T 31900—2015 机织儿童服装标准宣贯暨婴童纺织品技术培训班在杭州举行。

2015 年 12 月，协会第二届服装制版师分会会员大会在杭州召开，完成换届选举工作。

2015 年 12 月，协会全年先后开展“现代版师的互联网思维”“中法服装造型设计”“版型与工艺”等培训活动，累计培训 570 余人次。

2016 年

2016 年 3 月，由协会联合主办的首届中国（浙江）民族服饰设计展演项目在杭州桐庐落地。

2016 年 4 月，浙江省服装行业统计工作会议在浙江嘉善召开。

2016 年 4 月，由协会主办的第三届中国（浙江）畲族服饰设计大赛在景宁举行。

2016 年 5 月，协会完成全国服装行业百强企业浙江省审核工作，推荐 30 家会员企业参加。

2016 年 5 月，协会组织开展“真情传递，心手相连”为残疾儿童送温暖公益活动，累计捐赠服装 3608 件、童鞋 180 双，价值 46 万元。

2016 年 6 月，协会入驻杭州钱江新城尊宝大厦办公。

2016 年 7 月，协会组织举办平湖服装产业精准对接会。

2016 年 9 月，协会六届二次会长会议在杭州召开。

2016 年 9 月，由协会承接的 2016 年中国·平湖服装设计大赛举行。

2016 年 11 月，协会六届三次理事会在海宁市召开。

2016 年 11 月，由协会承接的畲族服饰发展论坛在景宁举行。

2016 年 12 月，由协会主办的第四届杭州国际时尚周在杭州召开。

2016 年 12 月，协会全年先后举办三期培训活动，累计培训 125 人次。

2017 年

2017 年 3 月，协会组织企业代表赴宁波参观太平鸟悦尚童装有限公司和百慕品牌管理有限公司。

2017 年 3 月，协会连续 11 年组织企业参加中国国际服装服饰博览会。

2017 年 3 月，浙江省服装行业统计工作会议在杭州召开。

2017 年 3 月，协会举办中、高级职称培训会。

2017 年 4 月，协会联合平湖市经信局举办“平湖服装企业与设计师交流对接会”。

2017 年 5 月，作为浙江省级经信领域第二批脱钩试点行业协会，协会完成在机构、职能、人员等方面与行政机关全面分离，顺利完成“脱钩”工作。

2017 年 5 月，协会完成全国服装行业百强企业浙江省审核工作，推荐 31 家会员企业参加。

2017 年 5 月，由协会主办的 2017AW 杭州国际时尚周在杭州举行。

2017 年 6 月，协会联合浙江省纺织测试研究院举办《婴幼儿及儿童纺织产品安全技术规范》实施指南和 GB/T 33271—2016《机织婴幼儿服装》标准培训班。

2017 年 7 月，协会六届三次会长会议在温州召开。

2017 年 8 月，协会服装设计师分会第二届会员大会在杭州召开，完成换届工作。

2017 年 8 月，在高级工艺美术师评选活动中，由协会选送的 9 名设计师中，有 3 名通过评审获得高级工艺美术师职称。

2017 年 8 月，协会组织企业赴嘉兴平湖参观浙江依爱夫游戏装文化产业有限公司和浙江伊思佳体育旅行装备有限公司。

2017 年 9 月，协会六届四次理事会在江苏晨风集团召开。

2017 年 9 月，协会在平湖举办“2017 年中国 · 平湖服装设计大赛”总决赛。

2017 年 10 月，由协会主办的 2018SS 杭州国际时尚周在杭州举行，同期举行“意法杯”第三届浙江省十佳服装设计师评选活动。

2017 年 12 月，协会先后开通协会微信公众号、建立版师分会会员群、童装分会会员群及协会统计工作群，为后续协会工作开展和宣传打下基础。

2017 年 12 月，协会全年先后组织举办了服装企业技术人员培训、全国十佳制版师大赛浙江地区参赛选手赛前培训、2017 年服装高级定制峰会和技术培训会等活动。

2018 年

2018 年 3 月，协会联合浙江省人才市场在杭州和平会展中心举办浙江省时尚产业纺织服装人才专区招聘会。

2018 年 3 月，浙江省服装行业统计工作会议在温州召开。

2018 年 4 月，由协会主办的第四届中国（浙江）畲族服饰设计展演在丽水景宁畲族自治县举行。

2018 年 4 月，协会与浙江省纺织测试研究院联合举办 GB 31701—2015《婴幼儿及儿童纺织产品安全技术规范》的实施指南培训。

2018 年 5 月，协会对接 FiGaston 高级定制品牌创始人郑帅与柯桥企业金晟纺织联合发布秀，组织服装企业代表 300 余人参加柯桥时尚周（春季）、柯桥纺博会，并考察柯桥优秀面料企业。

2018 年 5 月，浙江省服装行业协会秘书长联席会议在杭州召开。

2018 年 5 月，协会完成全国服装行业“百强”企业的浙江省审核工作，推荐 30 家服装企业参加。

2018 年 5 月，由协会主办的 2018AW 杭州国际时尚周在杭州举行。

2018 年 7 月，协会官网“中国服装产业网”重新改版上线。

2018 年 7 月，协会六届四次会长会议在嘉兴平湖召开。

2018 年 7 月，协会分别在杭州、温州两地举办服装企业先进质量管理技术应用培训班，共 400 余家企业参加。

2018 年 9 月，协会组织会员企业赴欧洲考察。

2018 年 10 月，协会联合深圳、湖北、温州等多家省内外行业协会和人力资源机构共同协办“2019 年时尚行业联合高校招聘季活动”。

2018 年 11 月，协会六届五次理事会在广州红棉时装城召开。

2018 年 11 月，由协会主办的 2019SS 杭州国际时尚周在杭州艺尚小镇举办，同期还举行了第四届浙江省十佳服装设计师评选活动。

2018 年 12 月，协会全年先后协助工业和信息化部、中国服装协会、浙江省经济和信息化厅等单位，完成“中美贸易摩擦对我国消费品工业的影响调查”“全省服装行业运行情况”等项目的统计调查工作。

2018 年 12 月，协会全年先后举办公益技术沙龙、现代工匠创新技术峰会、全国十佳制版师大赛赛前培训等活动，参与人数超 300 人。

2019 年

2019 年 3 月，协会六届二次秘书长联席会议在温州召开。

2019 年 3 月，浙江省服装行业统计工作会议在湖州长兴召开。

2019 年 4 月，由协会主办的第二届中国（浙江）民族服饰设计展演在杭州桐庐莪山乡举行。

2019 年 5 月，协会完成全国服装行业“百强”企业的浙江省审核工作，推荐 28 家服装企业参加。

2019 年 5 月，由协会主办的 2019AW 杭州国际时尚周在杭州举行。

2019 年 8 月，协会六届五次会长会议在温州召开。

2019 年 11 月，由协会主办的 2020SS 杭州国际时尚周在杭州艺尚小镇举办，同期举行了第五届浙江省十佳服装设计师评选活动。

2019 年 11 月，协会第七届会员代表大会在宁波召开，大会选举产生协会理事会、监事会，并在理事会监督下以无记名投票方式选举产生会长、副会长等领导班子，顺利完成换届工作。

2019 年 12 月，协会第四届童装分会会员大会在杭州召开，完成换届工作。

2019 年 12 月，协会全年先后参与浙江省发改委召开的“外贸形势座谈会”、浙江省人社厅与民政厅共同举办的“人力资源服务座谈会”等活动，并协助政府相关部门对浙江省服装企业赴外投资建厂情况进行调研。

2019 年 12 月，协会全年先后开展“红帮高定西服精品进修班”“第三届时尚品牌未来发展趋势论坛”“服装行业交流私享会——抖音创作营销进化论”“时尚品牌高级研修班”等活动。

2020 年

2020 年 2 月，协会发挥组织优势，积极整合资源，帮助企业协调防疫物资以及转产所需的原材料供应，助力企业复工复产，并联合浙江省轻工业品质量检验研究院开展“服务企业，助力复产”系列活动。

2020 年 4 月，协会组织服装设计师前往柯桥与面料企业开展对接活动。

2020 年 5 月，协会成立浙江省服装行业协会纺织行业职业技能等级认定分支机构，开展高级工、技师、高级技师等共计 10 场服装制版师各类等级鉴定。

2020 年 5 月，协会完成全国服装行业“百强”企业的浙江省审核工作，推荐 26 家服装企业参加。

2020 年 7 月，协会组织会员企业赴汉帛国际集团有限公司哈勃智慧云生产线，组织企业及设计师前往嘉兴参观浙江凌龙纺织有限公司。

2020 年 8 月，经浙江省经信厅提议，浙江省 7 家直播机构发起申请，协会正式成立互联网直播电商分会并召开会员代表大会。

2020 年 8 月，协会在卓尚尚加众创空间举办服装技术数字化建设主题沙龙活动。

2020 年 9 月，由协会主办的第五届中国（浙江）畲族服饰设计展演在丽水景宁举行。

2020 年 9 月，协会七届一次会长会议在丽水龙泉召开。

2020 年 10 月，协会联合温州市服装商会女装分会开展对接活动，组织 30 余家企业参观 MU2 中国原创直播中心和纳斯机构。

2020 年 11 月，由协会主办的 2021SS 杭州国际时尚周在杭州艺尚小镇举办，同期举行了第六届浙江省十佳服装设计师评选活动。

2020 年 11 月，协会七届二次理事会在杭州艺尚小镇召开。

2020 年 12 月，协会全年多次组织会员企业参加中国美术学院高级设计研修培训，并开展工艺美术师中、高级职称评审交流座谈会等活动。

2021 年

2021 年 2 月，协会组织开展两场“线上送技能”活动。

2021 年 3 月，浙江省服装行业统计工作会议在杭州召开。

2021 年 3 月，协会组织会员企业赴山东济宁、泰安等地考察了 13 家不同类型、不同规模服装加工制造企业。

2021 年 4 月，协会组织 30 余家会员企业参加由浙江省轻工业品质量检验研究院举办的 GB/T 14272—2021《羽绒服装》等新标准宣贯会。

2021 年 4 月，由协会承办的中国服装协会产业发展委员会委员扩大会议暨全国服装行业协（商）会负责人联席会议在杭州举行。

2021 年 4 月，由协会主办的第三届中国（浙江）民族服饰设计展演在杭州桐庐莪山乡举行，同期举办了民族服饰创新发展论坛。

2021 年 5 月，协会完成全国服装行业“百强”企业的浙江省审核工作，推荐 24 家服装企业参加。

2021 年 5 月，由协会主办的 2021AW 杭州国际时尚周举行。

2021 年 6 月，协会秘书处人员前往嘉兴南湖开展党建活动。

2021 年 8 月，受相关部门委托，协会参与“临平新城海内外高层次人才项目”“织里童装产业对标达标提升项目”等项目的评审工作，并参与《棉麻机织儿童服装》等标准评审会。

2021 年 9 月，协会七届二次会长办公会议在温州召开。

2021 年 10 月，协会带领浙江地区选手参加 2021 年全国行业职业技能竞赛——全国纺织行业“富怡杯”服装制版师职业技能竞赛全国决赛。

2021 年 10 月，协会联合浙江省电子商务促进会等单位共同举办中国杭州时尚产业数字贸易博览会。

2021 年 11 月，由协会主办的 2022SS 杭州国际时尚周举行，同期举行了第七届浙江省十佳服装设计师评选活动。

2022 年

2022 年 4 月，浙江省服装行业统计工作视频会议在线上召开。

2022 年 5 月，由协会组织的全国女装制版技术教育创新中心商讨会在杭州职业技术学院达利女装学院召开。

2022 年 5 月，协会完成全国服装行业“百强”企业的浙江省审核工作，推荐 26 家服装企业参加。

2022 年 5 月，协会协助中国服装协会完成了第四届中国职业装优势企业推介。

2022 年 5 月，协会协助浙江省经信厅开展浙江省老年用品产品推广目录申报审查及专家评审工作。

2022 年 6 月，协会荣获 2021 年浙江省经信领域行业协会党委党建考评“党建促发展奖”。

2022 年 6 月，协会前往安徽开展行业交流考察活动，浙皖两省行业协会与望江县政府就两省行业资源对接及双招双引工作等进行交流。

2022 年 7 月，协会赴丽水参加“三品”全国行浙江省十链百场万企系列对接活动的纺织产业链专场活动。

2022 年 8 月，协会七届三次会长会议在杭州召开。

2022 年 8 月，协会前往四川阿坝州马尔康市开展考察交流活动，与马尔康市人民政府签订了关于建设嘉绒文化服装设计采风基地的合作协议。

2022 年 9 月，协会联合浙江凌迪数字科技有限公司开展“元宇宙背景下服装行业新机遇”“元宇宙在中国趋势洞察分享”等主题培训活动。

2022 年 10 月，由协会主办的第三届浙江省十佳服装制版师大赛暨全国大赛选拔赛在杭州职业技术学院达利女装学院举行。

2022 年 10—12 月，协会与浙江省壹加壹公益基金会共同开展童装物资捐赠公益活动，收到会员企业捐赠各类童装 1279 件，价值 28.4 万元。

2022 年 11 月，协会童装分会四届三次会长会议在桐庐召开。

2022 年 11 月，协会七届三次理事会扩大会议暨浙江省服装行业工作会议以“线下小会场 + 线上视频会议”的形式召开。

2022 年 12 月，由协会参与起草、衣邦人主导制定的《服装定制数字化技术规范》团体标准，以及由协会与浙江叮当猫校服有限公司参与起草的《吸湿速干学生运动服》团体标准发布。

2023 年

2023 年 3 月，协会组织会员企业参加 2023 年春季中国国际服装服饰博览会“国棉国潮时尚首展”。

2023 年 3 月，协会参加“浙江制造”童装标准体系框架指南研制项目启动会。

2023 年 3 月，协会与杭州职业技术学院达利女装学院共同主办“服装技术领域专业化的未来”论坛活动。

2023 年 4 月，经浙江省服装行业协会与浙江省毛纺协会、浙江省印染协会、浙江省丝绸协会联合申请，在浙江省经信领域行业协会党委批复下，浙江省经信领域行业协会第五联合党支部成立。

2023 年 4 月，由协会协办的浙江省级“品字标”对标培育项目推进会暨全省纺织服装产业高质量发展交流会在宁波举行。

2023 年 4 月，浙江省服装行业统计工作会议在新昌召开。

2023 年 5 月，协会完成全国服装行业“百强”企业的浙江省审核工作，推荐 24 家服装企业参加。

2023 年 5 月，由协会主办的 2023AW 浙江国际时尚周在杭州白蓝地文创街区举办。

2023 年 5 月，由协会主办的第四届中国（浙江）民族服饰设计展演在杭州桐庐举行。

2023 年 5 月，协会联合浙江省壹加壹公益基金会开展面向省山区 26 县低收入肿瘤患儿家庭物资捐赠活动，收到会员企业捐赠童装、成人装共计 1760 余件，价值 33.7 万元。

2023 年 6 月，协会第三届服装制版师分会会员代表大会在杭州召开，完成换届工作。

2023 年 6 月，由协会主办的 2023 年时尚产业供应链交流活动举行。

2023 年 7 月，协会荣获 2022 年省经信领域行业协会党建考评的“党建促服务奖”。

2023 年 10 月，协会七届四次会长会议在杭州召开。

2023 年 10 月，协会联合杭州艺尚小镇运营发展有限公司、韩国时尚设计中心组织 10 余家企业赴韩国考察。

2023 年 10 月，协会联合中国美术学院纺织服装研究院开办 2023 年杰出时尚设计师高级研修班。

2023 年 11 月，协会童装分会四届四次会长会议在杭州余杭召开。

2023 年 11 月，由协会主办的 2024SS 两届浙江国际时尚周在杭州白蓝地文创街区举办，同期举行了第八届浙江省十佳服装设计师评选活动。

2023 年 11 月，协会七届四次理事会（扩大）会议在海宁许村召开，同期举办了浙江省时尚潮起交流会和浙江省时尚产业潮企峰会。

2023 年 12 月，由协会主办的 Style 3D · 第四届浙江省十佳服装制版师大赛暨全国大赛选拔赛在杭州职业技术学院达利女装学院举行。

2023 年 12 月，协会全年先后参加由浙江省经信厅、浙江省人社厅主办的浙江省纺织行业协会工作交流会、浙江省传统产业改造提升会、浙江省纺织行业高质量发展座谈会、消费品工业“浙里智造供全球”服务行、制造业“智改数转”研发费用加计扣除政策讨论会、“四方联动—产教融合”人才引育活动等活动。

2024 年

2024 年 3 月，浙江省服装行业协（商）会秘书长联席会议在宁波召开。

2024 年 4 月，协会联合党支部在中国丝绸博物馆召开党建活动。

2024 年 4 月，由协会主办的第六届浙江景宁民族服饰设计展演在景宁畲乡举行。

2024 年 4 月，协会联合浙江省壹加壹公益基金会在杭州主办“2024 年首届中国·杭州兰草重生公益梦想秀”活动。

2024 年 4 月，大连服装纺织协会前来浙江考察，在协会陪同下先后走访杭州、许村、宁波等地企业。

2024 年 4 月，浙江省服装行业统计工作会议在余杭径山召开。

2024 年 5 月，协会换届筹备工作小组成立，下设协会换届筹备工作办公室。

2024 年 6 月，协会组织成立《潮涌三十年——纪念浙江省服装行业协会成立 30 周年》图书编委会，并召开第一次讨论会。

2024 年 6 月，协会联合党支部赴嘉兴与嘉兴市时尚产业协会党支部、雅莹集团供应链党支部开展党建联建活动。

2024 年 6 月，协会与杭州市服装设计师协会联合在杭州时尚中心组织开展 2024 年浙江省纺织服装设计师中高级职称申报培训会。

2024 年 7 月，协会七届五次会长会议在杭州召开。

2024 年 7 月，协会组织会员企业赴大连开展面辅料对接活动。

2024 年 8 月，协会换届筹备领导小组召开视频会议。

2024 年 9 月，协会联合党支部赴绍兴嵊州巴贝公司开展党建活动。

2024 年 11 月，协会第八届会员代表大会暨协会成立 30 周年庆典活动在杭州临平召开，《潮涌三十年——纪念浙江省服装行业协会成立 30 周年》首发。

附录二

浙江省服装行业协会各届理事会名单

浙江省服装行业协会第一届理事会领导成员

名誉理事长：

赵大贤　浙江省轻工业厅副厅长

沈仲卿　浙江省二轻工业总公司副总经理

顾问：

王汀华　浙江省乡镇企业管理局副局长

王象礼　浙江省丝绸总公司副总经理

康　泰　浙江丝绸工学院副院长、教授

蔡旭华　浙江中大集团公司副总经理

理事长：

滕振华　浙江省服装工业公司总经理

副理事长：

王发泉　杭州第二丝织服装总厂厂长

李如成　宁波雅戈尔制衣有限公司总经理

李勤夫　浙江茉织华制衣有限公司总经理
张人美　中国纺织总会服装技术开发中心副主任
郑永刚　宁波杉杉股份有限公司总经理
赵建忠　浙江凯星制衣公司总经理
俞国生　浙江野风服装集团公司董事长
高虹宾　浙江省中大集团公司制衣厂厂长
曹浩兴　雪豹实业总公司总经理
鲍世尊　杭州服装集团公司总经理

秘书长：

李延辉　浙江省服装工业公司经济师

副秘书长：

马连洲　杭州兴隆服装厂厂长
朱怀宇　杭州市服装协会副理事长兼秘书长
任学法　浙江省二轻工业总公司经济师
周永国　宁波市服装工业公司总经理
袁道忠　湖州市服装行业协会副理事长兼秘书长
徐惠民　嘉兴市服装工业公司经理

浙江省服装行业协会第二届理事会领导成员名单

名誉会长：

叶荣宝　浙江省人民政府副省长

会长：

赵大贤　浙江省轻纺集团公司董事长、
　　　　浙江省轻纺行业办公室主任

副会长：

王象礼　浙江省丝绸总公司副总经理

林　耘　浙江省乡镇企业局副局长

蔡旭华　浙江中大集团公司总经理

戴振华　浙江省二轻集团公司副总经理

理事长：

冯德虎　中国纺织总会服装技术开发中心主任、
　　　　浙江省服装工业公司总经理

副理事长：

王闻凯　好来西集团总经理

刘松福　温州市服装商会会长

李勤夫　茉织华集团公司总经理

李如成　雅戈尔集团总裁

李延辉　浙江省服装工业公司顾问

陈华姣　一休集团股份有限公司总经理

陈　敏　温州庄吉集团公司董事长

陈能恩　浙江步森集团总经理

陈溪见　浙江能达利集团公司董事长

杨炳芳　杭州凯地丝绸股份有限公司总经理

郑永刚　杉杉集团有限公司总裁

赵建忠　萧山花边集团总经理

盛军海　宁波罗蒙集团总经理

曹浩兴　雪豹实业总公司总经理

曾旭光　华士服装（中国）有限公司总经理

鲍世尊　杭州服装集团总经理

秘书长：

韩礼成　浙江省服装工业公司行业办主任

副秘书长：

叶永度　温州市服装商会秘书长

张国平　宁波市服装工业公司经理

钟桂炳　杭州市服装协会副理事长

袁道忠　湖州市服装协会副理事长

徐惠民　嘉兴市服装工业公司书记

谢志清　绍兴市服装协会副会长

浙江省服装行业协会第三届理事会领导成员名单

名誉会长：

叶荣宝　浙江省人民政府副省长

顾问：

赵大贤　浙江省轻纺集团公司董事长

吴干冰　浙江省工商行政管理局副局长
林　耘　浙江省质量技术监督局副局长
刘松福　浙江省服装行业协会第二届副理事长
李延辉　浙江省服装行业协会第二届副理事长

会长：

冯德虎　浙江省服装行业协会第二届理事长

副会长：

李如成　宁波雅戈尔集团股份有限公司董事长
李勤夫　浙江茉织华实业集团有限公司董事长
陈孝祥　夏梦服饰有限公司董事长
陈华姣　一休集团股份有限公司总经理
陈　敏　庄吉集团有限公司董事长
陈溪见　浙江能达利集团公司董事长
吴文宏　杭州市总商会杭派服装商会会长
吴志泽　报喜鸟集团有限公司总裁
沈爱琴　万事利集团公司董事局主席
郑永刚　杉杉集团股份有限公司董事长
周成建　美特斯邦威有限公司董事长
金　耀　浙江巴贝服装服饰有限公司董事长
高志伟　杭州汇丽绣花制衣有限公司总经理
夏柏潮　恒柏集团董事长
盛静生　宁波罗蒙集团股份有限公司总裁
曾旭光　华士服装（中国）有限公司董事长

傅志存　奉化市爱伊美服饰有限公司董事长

彭　星　法派服饰企业有限公司总裁

秘书长：

韩礼成　浙江省服装行业协会第二届秘书长

副秘书长：

汪加福　温州市服装商会秘书长

郑水康　绍兴市服装协会秘书长

胡晓琳　金华市服装协会秘书长

袁道忠　湖州市服装协会副理事长

韩良根　宁波市服装协会副秘书长

浙江省服装行业协会第四届理事会领导成员名单

特别顾问：

吴干冰　浙江省工商行政管理局副局长

林　耘　浙江省质量技术监督局副局长

顾问：

李延辉　浙江省服装行业协会第三届顾问

刘松福　浙江省服装行业协会第三届顾问

金　耀　浙江巴贝服装服饰有限公司董事长

盛静生　罗蒙集团股份有限公司董事长

曾旭光　华士服装（中国）有限公司董事长

傅志存　奉化市爱伊美服饰有限公司董事长

彭　浩　杉杉集团有限公司

滕振华　浙江省服装行业协会第三届顾问

会长：

冯德虎　浙江省服装行业协会第三届会长

副会长：

王培火　浙江太子龙服饰有限公司董事长

叶显东　红黄蓝集团有限公司董事长

李如刚　雅戈尔集团有限公司副董事长

朱爱武　浙江高邦服饰集团有限公司总裁

吴文宏　杭州杭派女装商会会长

张江平　宁波太平鸟集团有限公司董事长

陈孝祥　夏梦·意杰服饰有限公司董事长

吴志泽　报喜鸟集团有限公司董事长

陈国强　宁波市服装协会常务副会长

张祥林　平湖华城茂麓服饰有限公司董事长

陈能恩　浙江步森集团有限公司董事长

陈　敏　温州市服装商会会长

陈溪见　浙江能达利集团公司董事长

郑元忠　庄吉集团有限公司董事长

松冈典之　茉织华实业（集团）有限公司董事长

周成建　美特斯邦威集团有限公司董事长

郑晨爱　浙江奥奔妮服饰有限公司董事长

高志伟　汉帛（中国）有限公司董事长

顾洁萍　浙江朗莎尔维迪制衣有限公司总经理

夏柏潮　恒柏集团董事长

钱　峰　杭州蓝色倾情服饰有限公司董事长

徐爱华　浙江华联集团有限公司董事长

屠红燕　万事利集团有限公司董事局执行主席

韩礼成　浙江省服装行业协会第三届秘书长

彭　星　法派集团有限公司董事长

秘书长：

韩礼成　浙江省服装行业协会第三届秘书长

常务副秘书长：

沈茉莉　浙江省服装行业协会

副秘书长：

孟　平　杭州市杭派女装商会副会长兼秘书长

张晓峰　宁波市服装协会副秘书长

郑水康　绍兴市服装协会秘书长

汪加福　温州市服装商会秘书长

浙江省服装行业协会第五届理事会领导成员名单

顾问：

滕振华　浙江省服装行业协会第二、第三、第四届顾问

陈能恩　浙江省服装行业协会第二、第三、第四届副会长

陈国强　浙江省服装行业协会第三、第四届副会长
　　　　中国服装产业经济研究所常务副所长

会长：

冯德虎　浙江省服装行业协会第四届会长

副会长：

吴文宏　浙江中纺腾龙投资有限公司董事长、
　　　　杭州市杭派女装商会会长

陈招贤　浙江天翔控股集团有限公司董事长

高志伟　汉帛（中国）有限公司董事长

钱　峰　杭州蓝色倾情服饰有限公司董事长、
　　　　杭州市服装设计师协会会长

屠红燕　万事利集团有限公司董事会执行主席

黄保苗　浙江省二轻企业集团进出口有限公司董事长

韩礼成　第四届浙江省服装行业协会副会长兼秘书长

严华荣　浙江金三发新纺织集团有限公司董事长

张祥林　浙江华城实业投资集团有限公司董事长、
　　　　平湖市服装行业协会会长

松冈典之　茉织华实业（集团）有限公司董事长

费永华　嘉兴市悦莱春羊绒衫时装有限公司总经理

张江平　太平鸟集团有限公司董事长

李如刚　宁波雅戈尔服饰有限公司董事长、
　　　　宁波市服装协会会长

郑学明　杉杉集团有限公司总裁

罗奇华　洛兹集团有限公司董事长

盛静生　罗蒙集团股份有限公司董事长

王培火　太子龙控股集团有限公司董事长

陈建飞　浙江步森服饰股份有限公司董事长

金　耀　浙江巴贝领带有限公司董事长

顾洁萍　浙江朗莎尔维迪制衣有限公司董事长

夏柏潮　恒柏集团有限公司董事长

徐爱华　浙江华联集团有限公司董事长

李瑞元　中捷缝纫机股份有限公司董事长

叶显东　红黄蓝集团有限公司董事长、
　　　　浙江省服装行业协会童装分会会长

朱爱武　浙江高邦服饰集团有限公司总裁

邱光和　浙江森马服饰股份有限公司董事长

陈孝祥　夏梦·意杰服饰有限公司董事长

吴志泽　报喜鸟集团有限公司董事长

郑秀东　拜丽德集团有限公司董事长

郑晨爱　浙江奥奔妮制衣有限公司董事长、
　　　　温州市服装商会会长

彭　星　法派集团有限公司董事长

李兴林　浙江贝克曼服饰股份有限公司董事长

陈溪见　浙江能达利集团有限公司董事长

秘书长：

韩礼成　浙江省服装行业协会第四届副会长兼秘书长

常务副秘书长：

沈茉莉　浙江省服装行业协会第四届常务副秘书长

副秘书长：

孟　平　杭州市杭派女装商会副会长兼秘书长

张晓峰　宁波市服装协会副会长兼秘书长

张琼瑶　温州市服装商会秘书长

浙江省服装行业协会第六届理事会领导成员名单

顾问：

滕振华　浙江省服装行业协会第一届理事长

陈能恩　浙江省服装行业协会第二、第三、第四届理事会副会长

陈国强　浙江省服装行业协会第三、第四届理事会副会长

会长：

冯德虎　浙江省服装行业协会第五届会长

副会长：

吴文宏　浙江中纺腾龙投资有限公司董事长、
　　　　杭州市杭派女装商会会长

屠红燕　万事利集团有限公司董事局主席

黄保苗　汇孚集团有限公司董事长

钱　峰　杭州蓝色倾情服饰有限公司董事长、
　　　　杭州市服装设计师协会会长

韩礼成　浙江省服装行业协会第五届副会长兼秘书长

高　敏　汉帛国际集团有限公司总裁

陈招贤　浙江天翔控股集团有限公司董事长

方乐鸣　浙江海贝服饰有限公司董事长

应翠剑　浙江印象实业股份有限公司董事长

郑志恩　浙江蓝天制衣有限公司董事长

严华荣　浙江金三发集团有限公司董事长

张祥林　浙江华城实业投资集团有限公司董事长、
　　　　平湖市服装行业协会会长

费永华　嘉兴市悦莱春羊绒衫时装有限公司董事长

松冈典之　茉织华实业（集团）有限公司董事长

汪维佳　浙江依爱夫游戏装文化产业有限公司董事长

黄德荣　浙江伴宇实业股份有限公司董事长

郑安政　安正时尚集团有限公司董事长

李如刚　宁波雅戈尔服饰有限公司董事长、
　　　　宁波市服装协会会长

张江平　太平鸟集团有限公司董事长

庄　巍　宁波杉杉股份有限公司董事长

盛武斌　罗蒙集团股份有限公司总裁

夏柏潮　恒柏集团有限公司董事长

徐爱华　浙江华联集团有限公司董事长、
　　　　柯桥区服装工业协会会长

顾洁萍　浙江朗莎尔实业有限公司董事长

王建军　浙江步森服饰股份有限公司董事长

王培火　太子龙控股集团有限公司董事长

金　耀　浙江巴贝领带有限公司董事长

郑晨爱　浙江奥奔妮服饰有限公司董事长、温州市服装商会会长

邱光和　浙江森马服饰股份有限公司董事长

叶显东　红黄蓝集团有限公司董事长

陈孝祥　夏梦·意杰服饰有限公司董事长

彭　星　法派集团有限公司董事长

朱爱武　高邦集团有限公司董事长

郑秀东　拜丽德集团有限公司董事长

池慧杰　东蒙集团有限公司总裁

李兴林　浙江贝克曼股份有限公司董事长、义乌市服装行业协会会长

陈凯歌　浙江能达利集团有限公司董事长

秘书长：

沈茉莉　浙江省服装行业协会第五届常务副秘书长

副秘书长：

张　奕　杭州市杭派女装商会秘书长

顾小华　杭州市服装设计师协会副会长兼秘书长

张晓峰　宁波市服装协会副会长兼秘书长

陈琦翔　温州市服装商会常务副秘书长

浙江省服装行业协会第七届理事会领导成员名单

顾问：

韩礼成　2017 年至今浙江省服装行业协会顾问

滕振华　浙江省服装行业协会第六届顾问

陈国强　浙江省服装行业协会第六届顾问

陈能恩　浙江省服装行业协会第六届顾问

王培火　浙江省服装行业协会第六届副会长

郑秀东　浙江省服装行业协会第六届副会长

郑晨爱　浙江省服装行业协会第六届副会长

会长：

冯德虎　第六届浙江省服装行业协会会长

副会长：

吴文宏　浙江中纺腾龙投资有限公司董事长

屠红燕　万事利集团有限公司董事长

黄保苗　汇孚集团有限公司董事长

钱　峰　杭州蓝色倾情服饰有限公司董事长

方乐鸣　杭州朱丽燕网络科技有限公司董事长

应翠剑　杭州可可尼时尚股份有限公司董事长

郑念华　杭州艺尚小镇运营发展有限公司董事长

丁武杰　卓尚服饰（杭州）有限公司董事长

钱晓韵　杭州意丰歌服饰有限公司董事长

高　敏　汉帛国际集团有限公司总裁

郑志恩　浙江蓝天制衣有限公司董事长
梁　刚　杭州芷然服饰有限公司总经理
毛雪波　杭州爵优服饰有限公司董事长
沈　强　杭州中赛实业有限公司董事长
陈志骏　杭州灌顶服饰有限公司总经理
陈安意　浙江金三发集团有限公司总经理
胡巧玲　平湖华城茂麓制衣有限公司总经理
黄德荣　浙江伴宇实业股份有限公司董事长
松冈典之　茉织华实业（集团）有限公司董事长
汪维佳　浙江依爱夫游戏装文化产业有限公司董事长
郑安政　安正时尚集团股份有限公司董事长
李如刚　雅戈尔控股有限公司总裁
骆叶飞　杉杉品牌运营股份有限公司总裁
盛武斌　宁波铭朗服装有限公司董事长
盛静生　罗蒙集团股份有限公司董事长
张江平　宁波太平鸟时尚服饰股份有限公司董事长
徐爱华　浙江华联集团有限公司董事长
顾洁萍　浙江朗莎尔实业股份有限公司董事长
陈建飞　步森集团有限公司董事长
王　煜　浙江太子龙红基服饰有限公司董事长
田　媛　浙江中纺标检验有限公司总经理
王碎昆　绍兴托斯卡纳服饰有限公司董事长
陈孝祥　夏梦・意杰服饰有限公司董事长
彭　星　温州法派服饰股份有限公司董事长
邱光和　浙江森马服饰股份有限公司董事长

陈　速　浙江芊卓科技有限公司总经理
池慧杰　东蒙集团有限公司董事长
黄瑞东　浙江飘蕾服饰有限公司董事长
沈应琴　浙江乔顿服饰股份有限公司董事长
叶　洁　浙江圣傲姫实业有限公司总经理
金洪辉　浙江天驰服饰有限公司董事长

监事会监事长：

周建平　宁波丹盈服饰有限公司董事长

监事会监事：

倪国昌　江南布衣服饰有限公司总经理
高泉军　浙江高氏杰服饰有限公司董事长

秘书长：

沈茉莉　浙江省服装行业协会第六届秘书长

副秘书长：

蒋　楠　浙江省服装行业协会副秘书长
张　奕　杭州女装商会秘书长
顾小华　杭州市服装设计师协会副会长兼秘书长
朱晓伟　平湖市服装行业协会秘书长
毛屹华　宁波市服装协会秘书长
陈琦翔　温州市服装商会秘书长
曹增胜　义乌市服装行业协会秘书长

后记 ▸ POSTSCRIPT

在这本沉甸甸的《潮涌三十年——纪念浙江省服装行业协会成立30周年》即将付梓之际，心中涌动的情感难以言表。

乘着时代的风云，浙江省服装行业协会已然步入而立之年，其历史意义之重大，促使我们萌生了一个极为必要且意义深远的构想——编纂一本全面记录浙江省服装产业三十年辉煌征程的纪念书籍。这一想法的提出，瞬间激发了团队的热情与共鸣，于是大家一拍即合，决心共同铸就这一纪念“巨著”。

回望来路，自1994年协会成立以来，始终致力于浙江省服装产业的发展，从蹒跚起步到稳健前行，再到如今在全球服装版图上占据举足轻重的地位，协会不仅见证了其崛起与蜕变，更在战略引领、体系建设、促进合作等方面发挥着至关重要的作用，不仅提升了浙江省服装品牌和加工能力的国际影响力和竞争力，也为中国服装产业的高质量发展奠定了坚实的基础。

《潮涌三十年——纪念浙江省服装行业协会成立30周年》所记录的浙江省服装产业三十年风雨兼程、辉煌成就的生动画卷，以及每一位参与其中、为之奋斗的行业同仁们开拓进取的真实写照，也从侧面反映了中国服装产业三十年来发展的波澜壮阔与日新月异。从最初的代工生产到如今的品牌出海，中国服装产业实现了从“中国制造”到“中国智造”的华丽转身，并加速朝着科技生产力、文化生产力、绿色生产力的方向推动传统产业的高端化升级，构建发展新质生产力的新格局。

本书精心构建四大篇章，第一篇章追溯了1994年至2000年，浙江省服装产业作为中国服装产业的先行者在朦胧中探索向前的故事，产业基础于这一时期初步奠定。第二章则聚焦于2001年至2010年的创新创造时代，浙江省服装产业在激烈的市场变革中实现了从量到质的飞跃。第三章讲述了2011年至今的“新”故事，以“科技、时尚、绿色”为引领，浙江省服装产业踏上转型升级之路，向高质量发展目标稳步迈进。第四章描绘了如今的浙江力量在当地、在全国、在全球都扎下繁茂根系，跟随着浙江省服装行业协会的全球化格局和视野，一幅传承启新的产业发展新蓝图正徐徐铺展。

之所从来，方明所往，本书的编纂过程，可以说是一次深刻的学习与反思之旅。我们搜集了大量的历史资料，走访了众多行业领导、行业前辈、专家学者、企业家和设计师，力求用真实、最生动的笔触，还原再现浙江省服装产业三十年来的轨迹和面貌。在整理这些珍贵记忆的过程中，我们被那些不为人知的故事所打动，也被那些勇往直前的精神所激励。这些故事和精神，也将鼓舞着我们不断前行。然而，由于时间、篇幅所限，我们难以呈现所有浙江省服装产业的精彩瞬间与企业家的创业故事，但每一章节都凝结着我们对过去的思考与对未来的憧憬。

我们也深知，浙江省服装产业之所以能够取得今日的成就，每一次跨越都绝非孤立无援的壮举。这背后，离不开国家政策的扶持与落地，是各级政府部门高瞻远瞩、英明决策的结果，同时也离不开每一位支持、关心浙江省服装产业发展的朋友、同仁和社会各界人士。这份成就属于每一个为浙江省服装产业贡献过智慧与汗水的人，属于这个伟大的时代。

展望未来，随着全球化进程的持续深化、市场竞争愈发激烈、消费者的需求更加多元，浙江省服装产业依然矗立于挑战与机遇并存的潮头，浙江省服装行业协会将与产业同仁们一道继续保持初心，坚持科技创新，勇往直前，奋楫扬帆！

最后，我要向为《潮涌三十年——纪念浙江省服装行业协会成立30周年》编纂工作倾注大量心血的编委会全体成员，中国纺织出版社有限公司的领导和编审团队以及《中国服饰》杂志采编团队致以最诚挚的感谢，是你们的智慧与努力，让这本书得以顺利问世。《潮涌三十年——纪念浙江省服装行业协会成立30周年》的出版，既是对过去三十年的总结与致敬，也是对未来发展的期许与展望。我们期待这本书能够激发更多人的共鸣与思考，共同为浙江省乃至中国服装产业的繁荣发展贡献力量。

2024年9月